你不努力 没人能给你想要的生活

宿文渊 / 编著

吉林文史出版社
JILINWENSHICHUBANSHE

图书在版编目（CIP）数据

你不努力　没人能给你想要的生活 / 宿文渊编著 .
-- 长春 : 吉林文史出版社 , 2018.8（2019.6 重印）
ISBN 978-7-5472-5176-8

Ⅰ . ①你… Ⅱ . ①宿… Ⅲ . ①成功心理－通俗读物
Ⅳ . ① B848.4-49

中国版本图书馆 CIP 数据核字（2018）第 141596 号

你不努力　没人能给你想要的生活
NIBUNULI MEIRENNENGGEINIXIANGYAODESHENGHUO

编　　著	宿文渊
责任编辑	张雅婷
封面设计	末末美书
插图绘制	Lindy
出版发行	吉林文史出版社有限责任公司
地　　址	长春市福祉大路出版集团A座
电　　话	0431-81629353
网　　址	www.jlws.com.cn
印　　刷	三河市刚利印务有限公司
开　　本	880mm×1230mm　　1 /32 开
印　　张	8
字　　数	200 千
版　　次	2018 年 8 月第 1 版　2019 年 6 月第 2 次印刷
定　　价	39.80 元
书　　号	ISBN 978-7-5472-5176-8

前言

PREFACE

　　生存和生活，看似一字之差，却有天壤之别。跨过去了，就是诗意的日子；跨不过去，就是苟且地活着。要跨过生存，迈向生活，唯一的桥梁就是努力。

　　生活中总有那么一些人，他们没有引以为傲的家庭背景，没有过人的天赋，或许生活还会给他们更多的磨难，可是他们却取得了常人无法企及的成就。他们凭的是什么？就是被很多人忽略的拼搏与努力。

　　幸运需要付出，成功需要努力。幸运不幸运，成功不成功，说到底还是要靠自己。莎士比亚说："与其责难机遇，不如责难自己。"不是你不幸运，而是你不够努力。没有努力，就没有资格谈幸运，真正的幸运等待的是努力拼搏的人。很多人在人生之中无数次庆幸，庆幸自己终于如愿以偿。其实，这并非是命运之神眷顾你，而是你的努力使你变得幸运，使你得到赏识。当你顺遂如意的那一刻，你会发现所谓的巧合与好运，实际上都是点点滴滴的努力和付出之后才得到的。

　　在奋斗的路上，生活是公平的。它不看容貌和出身，也不问金钱和地位，它只认人们付出的辛苦与智慧。而能够笑着走到最后的赢家，必定是抓住每一段时光努力奋斗的人。今天不够努力，对自己有所保留，那成功也会对我们有所保留。没有人可以给你一把现成的钥匙来打开成功之门，你必须自己配制钥匙，找出门锁的密码组合；没有魔法师可以把你推向财富与名望的巅峰，这条路通常崎岖坎坷，你必须脚踏实地，甚至艰辛地、一步一个脚印地走完全程。

这世上从没有白费的努力，也没有碰巧的成功。也许你付出很多，却总被怀疑、否定；也许你拼尽全力，世界却没有回应。于是你开始怀疑自己，这么努力有什么用？美国著名行动大师杜勒姆曾说："天下没有不努力的成功，要么是不劳而获，要么是不期而遇。但它们都不是你真正的成功地图。相信自己的努力，就等于相信自己付出之后必有回报。因此，多一次努力，就多一次逼近成功的堡垒。"所以，没有一种努力是白费的，只不过有些回报来得及时，正是你想要的；而有些回报，会在你想不到的时候，以另一种方式出现，也许不符合你的初衷，却也会让你有一种"无心插柳柳成荫"的惊喜。

生活不会辜负每一个努力的人。虽然努力不一定每次都带来幸运，但不努力则一定无任何幸运可言。真正的幸运绝不会光顾那些精神麻木、耽于安逸、甘于平庸、不思进取的人，幸运只藏在勤劳和汗水、行动和付出、拼搏和进取中。未来的一切都取决于今天的你，你今天踏出的每一步都是为你的未来奠基。你若脚踏实地、努力向前、拼搏进取、执着无悔，未来就会光辉灿烂，不管什么样的梦想都会实现……所以，只有珍惜今天，当下努力，才能把握明天，拥有未来。

本书是指导人们跨越人生障碍、步步为"赢"的人生指南。它从实际出发，旨在为那些有远大理想、不甘平庸的人们树立一盏引路明灯，教他们坚定目标，摆正心态，踏实行动，全力拼搏，不言败、不言弃，从而不负光阴，无愧此心。

目录
CONTENTS

第五章　把能做的做到极致，剩下的老天会帮你

第六章　优秀的人从不咒骂黑暗，只会燃起明烛

第十一章　那些冷眼嘲笑，都会成为你日后调侃的骄傲

第一章

世界不相信眼泪，
但承认你的努力

成功无定律，
要靠自己去寻找

NI BU NULI
MEI REN NENG
GEINI XIANGYAO DE
SHENGHUO

20世纪50年代初期，有个叫丹尼尔的年轻人，从美国西部一个偏僻的山村来到纽约。走在繁华的都市街头，啃着干硬冰冷的面包，他发誓一定要闯出一片属于自己的天空。

然而，对于没有进过大学校门的丹尼尔来说，要想在这座城市里找到一份称心如意的工作，简直比登天还难，几乎所有的公司都拒绝了他的求职请求。

就在他心灰意冷之时，有一天，他接到一家日用品公司让他去面试的通知。他兴冲冲地去应聘，但是面对主考官有关各种商品的性能和如何使用的提问，他吞吞吐吐一句话也答不出来。说实话，摆在他眼前的许多东西他从未接触过，有的连名字都叫不出来。

眼看唯一的机会就要消失，丹尼尔在转身退出主考官办公室的一刹那，他有些不甘心地问："请问阁下，你们到底需要什么样的人才？"

主考官彼特微笑着告诉他："这很简单，我们需要能把仓库里的商品销售出去的人。"

回到住处，丹尼尔回味着主考官的话，他突然有了奇妙的感想：不管哪个地方招聘，其实都是在寻找能够帮自己解决实际问题的人。既然如此，何不主动出去，去寻找那些需要帮助的人？

他想，总有一种帮助是他能够提供的。

　　不久，在当地的一家报纸上，出现了一则颇为奇特的启事。文中有这样一段话：谨以我本人人生信用作担保，如果你或者贵公司遇到难处，如果你需要得到帮助，而且我也正好有这样的能力给予帮助，我一定竭力提供最优质的服务……

　　让丹尼尔没有料到的是，这则并不起眼的启事登出后，他接到了许多来自不同地区的求助电话和信件。

　　原本只想找一份适合自己工作的丹尼尔，这时又有了更有趣的发现：老约翰为自己的花猫生下小猫照顾不过来而发愁，而凯茜却为自己的宝贝女儿吵着要花猫却找不到卖主而着急；北边的一所小学急需大量鲜奶，而东边的一处牧场却奶源过剩……诸如此类的事情一一呈现在他面前。

　　丹尼尔将这些情况整理分类，一一记录下来，然后毫不保留地告诉那些需要帮助的人。而他，也在一家需要市场推广员的公司找到了适合自己的工作。不久，一些得到他帮助的人给他寄来了汇款，以表谢意。

　　据此，丹尼尔灵机一动，辞职注册了自己的信息公司，业务越做越大，他很快成为纽约最年轻的百万富翁之一。

后来，丹尼尔告诫自己的孩子：成功无定律，幸运从来不主动光顾你，要靠自己去寻找。有时候，给别人帮助的同时，其实也为自己创造了最好的成功机会。

世界上没有失败，
只有暂时的不成功

NI BU NULI
MEI REN NENG
GEINI XIANGYAO DE
SHENGHUO

西娅在维伦公司担任高级主管，待遇优厚。很长一段时间，她都为到底去什么地方度假而烦恼。但是情况很快就变得糟糕起来。为了应对激烈的竞争，公司开始裁员，而西娅则是被裁掉的其中一员。那一年，她43岁。

"我在学校里一直表现不错，"她向朋友说道，"但没有哪一项特别突出。后来，我开始从事市场销售。在30岁的时候，我加入了那家大公司，担任高级主管。"

"我以为一切都会很好，但在我43岁的时候，我失业了。那感觉就像有人给了我的鼻子一拳，"她接着说，"简直糟糕透了。"西娅似乎又回到了那段灰暗的日子，语气也沉重了许多。

在那段灰暗的日子里，西娅不能接受自己失业的事实。躲在家里不敢出门，因为每当看到忙碌的人们，她都会觉得自己没用，脾气也越来越大，孩子们也越来越怕她。情况似乎越来越糟糕。

但是，转机出现了。一个月后，一个出版界的朋友询问她，

如何向化妆业出售广告。这是她擅长的东西，她似乎又重新找到了自己的方向：为很多的公司提供建议、出谋划策。

两年后，西娅已经拥有了自己的咨询公司。她已经不再是一个打工者，而是一个老板，收入自然也比以前多很多。

"被裁员是一件糟糕的事情，但那绝对不是地狱。也许，对你自己来说，可能还是一个改变命运的机会，比如现在的我。其实，重要的是如何面对。我记得那句名言：世界上没有失败，只有暂时的不成功。"西娅总结道。

当你一直在寻找钥匙时，
也许门是开着的

NI BU NULI
MEI REN NENG
GEINI XIANGYAO DE
SHENGHUO

美国有个叫杰福斯的牧童，他的工作是每天把羊群赶到牧场，并监视羊群不越过牧场的铁丝栅栏到相邻的菜园里吃菜。

有一天，小杰福斯在牧场上不知不觉地睡着了。不知过了多久，他被一阵怒骂声惊醒。只见老板怒目圆睁，大声吼道："你这个没用的东西，菜园被羊群搞得一塌糊涂，你还在这里睡大觉！"

小杰福斯吓得面如土色，不敢回话。

这件事发生后，机灵的小杰福斯就想：怎么才能使羊群不再越过铁丝栅栏呢？他发现，那片有玫瑰花的地方，并没有牢固的栅栏，但羊群从不过去，因为羊群怕玫瑰花的刺。"有了，"小杰福斯高兴地跳了起来，"如果在铁丝上加上一些刺，就可以挡住羊群了。"

于是，他先将铁丝剪成了 5 厘米左右的小段，然后把它结在铁丝上当刺。结好之后，他放羊的时候，发现羊群起初也试图越过铁丝栅栏去菜园，但每次被刺疼后，都惊恐地缩了回来。被多次刺疼之后，羊群再也不敢越过栅栏了。

小杰福斯成功了。

半年后，他申请了这项专利，并获批准。后来，这种带刺的铁丝网便风行全世界。

当汗水与智慧结合，
你将无比强大

NI BU NULI
MEI REN NENG
GEINI XIANGYAO DE
SHENGHUO

有个渔人有着一流的捕鱼技术，被人们尊称为"渔王"。然而"渔王"年老的时候非常苦恼，因为他的三个儿子的渔技都很平平。

于是他经常向人诉说心中的苦恼："我真不明白，我捕鱼的技术这么好，儿子们的技术为什么这么差？我从他们懂事起就传授捕鱼的技术给他们，从最基本的东西教起，告诉他们怎样织网最容易捕捉到鱼，怎样划船最不会惊动鱼，怎样下网最容易'请鱼入瓮'。他们长大了，我又教他们怎样识潮汐，辨鱼汛……凡是我长年辛辛苦苦总结出来的经验，我都毫无保留地传授给了他们，可他们捕鱼的技术竟然赶不上技术比我差的渔民的儿子！"

一位路人听了他的诉说后，问："你一直手把手地教他们吗？"

"是的，为了让他们得到一流的捕鱼技术，我教得很仔细很耐心。"

"他们一直跟随着你吗？"

"是的，为了让他们少走弯路，我一直让他们跟着我学。"

路人说："这样说来，你的错误就很明显了。你只传授给了他们技术，却没传授给他们教训，对于才能来说，没有教训与没有经验一样，都不可能使人成大器。"

最好的生活必然面对
最大的考验

NI BU NULI
MEI REN NENG
GEI NI XIANGYAO DE
SHENGHUO

安德莱耶维奇手拿报纸，坐在沙发上打盹儿。突然，有人急促地敲窗，这使安德莱耶维奇有些不知所措，因为他住在8楼，而且他这套房间是没有阳台的。起初，他只当是自己的幻觉。但是，敲窗声再次传来。陡然，窗户自动打开，窗台上显现出一个男子的身影，这人穿着长长的白衬衫。

安德莱耶维奇惊恐地暗想："是个梦游病患者吧，他要把我怎么样？"只见那男子从窗台跳到地板上，背后有两个翅膀摆动了一下。接着，他走到沙发跟前，随便地挨着安德莱耶维奇坐下，说："深夜来访，请您原谅。不过，这是我的工作。有人说，我们天使逍遥自在，终日吃喝玩乐，其实那是胡言乱语。实际上，他对我任意欺压，刻薄着呢。"

安德莱耶维奇一下子没弄懂，问："这个'他'是谁呀？"天使压低声音回答："我告诉你吧，是上帝！""哦，明白了，明白了。那么，上帝或者您，找我有事儿吗？"天使说："您要知道，我是奉他的命令来找您的。我负责分配上帝所赐的东西，也就是智慧。每个人都应该分配到智慧，或多或少罢了。可是昨天我查明，我一时疏忽，您遭到了不公正的对待，也就是说，我忘了分配智慧给您。"

安德莱耶维奇怒气冲冲，从沙发上一跃而起："什么，什么！您怎么能够如此粗心大意！快把我应有的一份交给我！别人的我管不着，可我的一份，劳驾，快交给我吧。哼，难道我低人一等？"天使安慰他："我正是为此而来。我完全承认自己的过错。我尽力弥补，为您效劳。我给您送来的，不仅是智慧，而且是大智慧！"天使从怀里取出一只小塑料袋，里面五颜六色，流光溢彩。安德莱耶维奇接过小塑料袋，把它藏进床头柜的抽屉里，转身说："谢谢您想起了我！要不然，我就会一点智慧也没有，傻头傻脑地混一辈子了！""如今全安排好了！我真为您高兴！现在，您将享受到苦苦怀疑的幸福！""什么，什么？怎样的怀疑？"

"苦苦的怀疑。""这是为什么？非苦不可吗？""那当然。此外，您还将狠狠地摔跤，飞速地升迁。"安德莱耶维奇没听清楚："飞速地升迁？那好啊，还有什么？""狠狠地摔跤！"安德莱耶维奇警觉起来："唔，那么，还会怎样？""您还会由于暂时不被理解的孤立而感到一种崇高的自豪。"

"暂时不被理解？您不骗人？的确是暂时的吗？""当然，暂时的！不过，这段时间可能比您的一生还长，但是您将经常具有一种创造的冲动！"安德莱耶维奇皱眉蹙额地说："创造的冲动？还有什么？您全爽爽快快说出来吧，别折磨人了。""哦，还多着呢。也许，甚至要为所抱的信念而牺牲生命，死而无憾！""一定得……得死吗？""要有充分的思想准备。这是获得人们敬仰的、万世流芳的伟大幸福。"

安德莱耶维奇沉默片刻，使劲地握握天使的手，说："哦，好吧，谢谢您，感谢之至！"等天使飞出窗户，安德莱耶维奇就从抽屉里取出小塑料袋，准备丢进垃圾通道。

转念一想，又下了楼，走进院子，找了个阴暗的角落，把一塑料袋大智慧深深地埋入土中。

先定位自己，
才能定位未来

NI BU NULI
MEI REN NENG
GEINI XIANGYAO DE
SHENGHUO

　　龟兔经过三次赛跑，似乎皆大欢喜。可兔子还总是有些别扭和烦恼，又得了寒热病，瘫在灌木丛中，一会儿浑身冒汗，一会儿又冷得发抖，痛苦不堪。

　　碰巧爬来一只热衷美容的乌龟。兔子对他说："好心人……水……我头发晕，浑身无力……池塘就在附近，只有几步远！"

　　乌龟见状怎能拒绝这种请求？可时间一分钟一分钟地过去，兔子从早上等到了黄昏，始终没见乌龟的踪影，兔子生气地骂道："这个笨蛋！龟孙子！你在什么地方磨蹭呢？就为等你一口水……"

　　"你骂谁呢？"草丛微微晃动。

　　"你总算回来啦！"兔子喜叹道。

　　"还没呢，兔子。我想买辆宝马汽车送给你，你自己开车去，车就在专卖店呢。可又一想，如果总开车，兔子将来不就退化了吗，还是不送了。别急，我这就去打水。"

　　其实乌龟没将兔子的请求当回事，一直由织布鸟在为他重新装修着龟壳，做着长远的规划……

　　过了几天，重塑形象的乌龟给狮王递上呈文，要求委以重任。

　　狗问乌龟："你想高攀什么职位？"

　　乌龟说："想当跟车的仆人。"

"这哪成？"狗纳闷儿，"你怎能胜任这个职务？你爬一步才前进一寸，而跟车的仆人要有飞毛腿般的奔跑能力，你真是异想天开。看来，你从没侍候过富家豪门。"

乌龟道："只要有恒心，老天爷肯安排，就一定能让他们满意。"

结果呢？乌龟获得了这个官差。这么一来，赞颂之辞漫天飞，都夸乌龟跑得快，是个了不起的奇才。

在这种评价下，乌龟更加自信，又产生了更宏伟的设想，于是找到了鹰王说："请教我飞翔吧！只上一堂课我就能冲上云霄，穿过大气层，翻飞在太空。在那里，我能看见太阳、月亮，还有成千上万的星星。我还可神速地降落，逍遥自在地掠过一个又一个城市，在短短的几天中饱览所有风光！"

鹰王嘲笑乌龟的荒唐，奉劝他耐心地用自己的方式生存。可乌龟却固执己见，坚持要鹰王把飞翔的本领教给他。

鹰王无奈，只好抓起乌龟直飞云端，并对乌龟说："看你怎样飞翔！"说着鹰王爪子一松，乌龟掉了下来，摔得粉身碎骨。

果断出手，莫对机会
欲说还"羞"

1951 年夏天，凯蒙斯·威尔逊驾驶一辆大汽车，带着全家老小开往华盛顿特区旅游观光。一路上，美丽的风光使他心旷神怡，可住宿的遭遇却让他十分恼火：客房既小又脏，水暖设备差，洗澡不方便，很少见汽车旅馆有餐厅，即使有的话，所供应的食物也很差，收费也不低，一家人合住一间客房，每个孩子还要再加收房钱。

"孩子睡在地板上还要加钱，太不应该了。"凯蒙斯对妻子抱怨道，"设施齐全、服务周到的汽车旅馆居然一家都没有！"

"都是这样的，在外就将就些吧。"妻子劝慰说。

那一刻，凯蒙斯的眼睛一亮，汽车旅馆普遍差，这不是蕴含着巨大的商机吗？如果自己建造一些宾馆式的汽车旅馆，不就能赚大钱吗？

他兴奋地对太太说："我打算建造许多新型的汽车旅馆，和父母同住客房的儿童，也绝不另外收取费用。我要做到人们一看到旅馆的招牌，就像到了自己的家。出外度假所宿旅馆必须舒适和方便，这正是现在汽车旅馆所缺少的。我想，我是极其平常的人，我喜欢的东西，别人也会喜欢。"

1952 年 8 月 1 日，他的第一家假日酒店正式开张营业。

旅馆位于孟菲斯市萨默大街上，是汽车从东进入孟菲斯的主要通道，也是来往美国东西部的一条重要机动车道路。

在路的旁边，一块18米高的黄绿两色"假日酒店"的大招牌特别引人注目。到了晚上，招牌上的霓虹灯闪闪发光，更是醒目。汽车无论行驶在高速公路上的哪个方向，都能远远地一眼就望到假日酒店的招牌。凯蒙斯花费1.3万美元做了这块招牌，这块招牌让无论是成人还是小孩子都会联想到这是一个有趣的地方。

走进酒店，你会发现服务设施特别周全：走廊上备有软饮料和制冰机，旅客可以免费取用；客房里的空调让人感到十分凉爽；游泳池里清波荡漾；走几步就是餐厅，可供全家用餐，餐桌上还有特地为儿童设计的菜单；你住进酒店，工作人员会叫得出你的名字，这让你备感亲切，他们见了你就微笑——这是凯蒙斯要求他们这样做的。他说："世界上的语言有几百种，但微笑是通用的语言。微笑不需要翻译。"旅客需要服务，马上会有人来，并且绝不收取小费；天气好的话，旅客可以在晚饭后出外散步，享受郊外的宁静感觉……而享受这一切，价格绝对便宜：单人房才收4美元，双人房6美元。凯蒙斯规定，和父母一起住的孩子，一概不另外收费。

"高级膳宿，中档收费。"凯蒙斯说，"既不完全是汽车旅馆，也不完全是宾馆，但提供它们两者都有的服务。"

旅客纷纷前来，有的旅客走进酒店，房间已经住满，服务人员会为旅客和附近的旅馆联系住宿——这又是凯蒙斯发明的服务。

一炮打响，凯蒙斯马上着手建造更多的假日酒店。他采取特许经营的办法，向社会出售特许经营权，从而迅速推动假日酒店在全美各地到处开花……

20世纪60年代初，人们对电脑还是很陌生的。可凯蒙斯却在想，如何应用这个新的技术来为酒店服务。他有一种预感，电脑会给酒店带来许多好处。他想，为旅客预订外地假日酒店客房唯一的办法就是打长途电话，长途电话费太贵了。能不能利用电脑，为各地的假日酒店相互之间建立"快车道"呢？他委托国际商用机器公司IBM设计安装一套电脑系统，它可以即时找出或预订在任何地方的任何一家假日酒店的可供投宿的客房，代价是800万美元。

后来，那套电脑系统设计出来了，并且取得了成功。当时其他的连锁旅馆都没有这种先进设备，假日酒店一下子拥有了巨大的优势。

相信自己，
你将无所不能

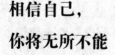

NI BU NULI
MEI REN NENG
GEINI XIANGYAO DE
SHENGHUO

1926年，毕业于东京大学法律系的大村文年进入"三菱矿业"做了一名小职员。

当公司为新人举行欢迎会时，他对那些与他同时进入公司的同事说："我将来一定要成为这家公司的总经理。"

一番豪言壮语之后，他开始了自己的长远计划。他凭借旺盛的斗志与惊人的体力，数十年如一日，孜孜不倦地工作，后来远远超过众多资深的干部与同事，完全凭借本人实力，冲破险境，终于在35年之后当上"三菱矿业"的总经理。

以三菱财阀的历史而言，未到60岁就成为直系公司的总经理是史无前例的。大村文年的就职的确惊动日本工商界人士，人们无不惊讶，并深感佩服。

再来看下面的这个故事。

在1949年，一个24岁的年轻人，充满自信地走进美国通用汽车公司，应聘会计，他前来应聘只是因为父亲曾说过的"通用汽车公司是一家经营良好的公司"，并建议他去看一看。

在应聘时，他的自信使考官印象十分深刻。当时只有一个空缺，而考官告诉他，那个职位十分艰苦，一个新手可能很难应付。但他当时只有一个念头，即进入通用汽车公司，展现他足以胜任的能力与超人的规划能力。

当考官在雇用这位年轻人之后，曾对他的秘书说："我刚刚雇用一个想成为通用汽车公司首席执行官的人！"

这位年轻人就是从1981时出任通用汽车首席执行官的罗杰·史密斯。

罗杰刚进公司的第一位朋友阿特·韦斯特回忆说："合作的

一个月中，罗杰正经地告诉我，他将来要成为通用的首席执行官。"高度的自信，指引他永远朝成功迈进，也是引导他经由财务阶梯登上首席执行官宝座的法宝。

你一定要成功，就一定能成功

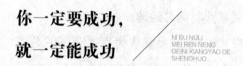

NI BU NULI
MEI REN NENG
GEINI XIANGYAO DE
SHENGHUO

  欧洲的某个城镇又热闹起来了，这里正在举行一年一度的电单车竞赛，全球的高手都陆续涌进这个城镇。许多竞赛好手都提前两三个星期到当地训练，以适应现场的地理环境。

  在众多好手中，有 3 个具有不同人生观的青年。

第一个相信宿命论。有一次他在竞赛时滑倒了，无论他后来如何拼搏都无法改变失败的结果。此后，每遇比赛，一旦他不幸滑倒就会自动弃权，因为他认为那是命中注定的。他将整个竞赛的成败，寄托于冥冥之中的"命运"。

第二个青年，从小就依从父母，膜拜古代的某一位英雄。每逢竞赛之前，他一定跟从父母到附近唐人街的一间庙里去烧香，向庙里扶乩的人询问结果。若那人点头说他可以参加竞赛的话，他便会有信心去参赛，否则，便放弃。至于这次参赛，他父母亲已到庙里询问过了，那人很有信心地告诉他父母，这次他一定可以成功地夺取冠军，他会得到那位英雄相助的。这个青年将整个竞赛的夺冠机会，交给一种超自然的神秘力量。

最后一个青年，是第一次参赛，他这次的参资目的也是为了夺取冠军，以赢取 10 万美元的奖金，好让他病重的母亲到外国去治疗。他每天都勤奋地练习，跌倒了，又爬起来，他不断鼓励自己：我一定要得到冠军！我一定要！他将这场比赛的胜利掌握在自己手中。

不久，比赛开始了。一声枪响，上百名选手便往前冲去。现在，让我们将注意力放在那 3 个年轻人身上。

第一个青年在比赛开始后不久，因路滑跌倒，他便将单车推

到路旁，很无奈地看着许多选手从他的眼前驰过。"唉，这是上天的安排，有什么办法呢！"

第二个青年因有"神"的保佑而拼命地奔驰，突然，在一个转弯处，他一不留神，发生意外，人仰车翻，不省人事。当他的父母从电视上看到这种情景时，便很生气地赶到那间庙堂去责问那个人。那人刚好在睡午觉，被他们的突然登门而吵醒。"你说神明保佑我的儿子平安无事，一定得冠军，你看他现在已发生了意外，你到底有没有保佑他？"那青年的母亲很生气地说。扶乩的人揉着眼睛说："唉，我已尽力帮助你的儿子，当他要跌倒时，我也尽力赶去扶助他，但他骑的是电单车，怎么追得上呢？"

至于那第三个竞赛者，他也很拼命地奔驰。一旦跌倒了，他又赶快爬起来，忍痛继续冲刺。滚滚沙尘，炎炎烈日，均无法遮盖他那颗炽热的心。由于他将成败掌握在自己手中，终于夺得了冠军。

第二章

天再高又怎样，
踮起脚尖就更接近太阳

心中有了方向，
才不会一路迷茫

NI BU NULI
MEI REN NENG
GEINI XIANGYAO DE
SHENGHUO

在事业上的道路实在走不通时，最佳的办法便是弃暗投明，年轻人千万不可吊死在一棵树上。

章邯是秦朝的大将，对朝廷忠心耿耿，屡建大功。陈胜、吴广起义后，章邯受命讨伐。由于兵力不足，他便把刑徒和官奴也组织起来。在他的调教下，这支拼凑起来的队伍也颇有战斗力。

章邯性情直率，不喜谄媚，他对当时掌控着朝政的权臣赵高也不逢迎，惹得赵高十分恼怒。他为了报复章邯，竟对章邯的大功视而不见，更无封赏之意。

项羽崛起后，章邯与之交手多有败绩，他为此频频向朝廷告急。不想赵高为置其于死地，不仅不派兵援助，还把他的告急文书一律扣压，从不向秦二世禀报。

章邯连连失败的消息，有一天终于让秦二世知道了。秦二世身边的太监就对秦二世说："章将军勇冠三军，若他有失，秦国就危险了，陛下将怎样对待他呢？"

秦二世怒不可遏："章邯深负皇恩，罪该万死，他还想活命吗？"

太监摇摇头说："章将军如今已是败军之将，必心多惶恐，斗志有失。陛下既依靠他杀敌保我大秦，就不能任性责罚他了，否则他惧祸投敌，陛下岂不更加危险？陛下若能忍下气来，略作抚恤，章邯见陛下不怪罪，定能定下心神，再为大秦建功。"

秦二世于是找赵高讨论此事，赵高故作惊讶地说："章邯此人自高自大，向来不把朝廷放在眼里，这样的人不加责罚，哪能显出陛下的天威呢？"

秦二世于是下诏，对章邯大加指责，言辞甚厉。章邯接诏后，又气又怕，一时六神无主。长史司马欣前去咸阳替他探听消息，从别人口中知晓这其中的缘故，于是赶紧返回对章邯说："赵高对将军心有排斥，看来无论你有功无功，都不免遭他陷害了。"章邯大吃一惊，情绪更加低落。

值此时刻，赵将陈余派人前来送书，劝他反叛秦国。信中说："白起、蒙恬都是秦国的大功臣，可他们的下场却是被赐死。将军为秦卖命奋战，到头来却为赵高陷害、昏君猜忌，命运可想而知。天意亡秦，如将军认清形势，反戈一击，不但无有灾祸，还有除暴济世之大名，何乐而不为呢？"

章邯见信落泪，久不作声。司马欣长叹一声，出语说："皇上不识奸佞，反责忠臣，这不是将军欲反，而是不得不反啊。"

于是，章邯向项羽投降，追随了项羽。

识时务者为俊杰，章邯的反叛加速了秦朝的灭亡和一个新朝代的建立。择主依时而变，不但顺应天理，而且对己有利，这种两全其美的事，对于有判别力的人来说，是不难选择的。

年轻人应该学会理性分析，选择一条利人利己的道路，这样才能有光明的前途。

跟对人，做对事，
努力才有价值

一个人肚子里装满才华，就好比一家小店进满了货，进货的目的是为了卖出去，这就需要找到一个合适的老板，在"老板"财力和精神的支持下，小店才能经营得有声有色；而一个有才华的人也需要这样一位"识货"的老板，将肚子里的"才华"卖出去，唯有如此，有才华的人，才能找到用武之地，实现自己的人生理想。

如果有货，找到的却是一位不"识货"的老板，是小店，就会货物滞仓，长此以往，"店将不店"，迟早关门大吉；是人，则"人将不才"，你受到的不是人才的待遇，是连一般人都不如的待遇。将自己的"货"卖出去，一直卖到清仓、进货，再清仓，你才有可能致富，职场上成功的人莫不是如此。

能否找到一位合适的老板，你的情况会有天壤之别。张飞在市井混时，结识过大批小流氓和小老板，可是依然得靠卖猪肉为生，而跟随刘备以后，他才得以成为叱咤一时的大将。可见，选对老板跟对人，对于一个有才华的人来说是多么重要！

那么，年轻人如何才能找到合适的老板跟对人呢？下面是几点建议，不妨作为选择老板的标准。

（1）无论学历如何，对商海有独到见解，对自己有坚强信心的人。你不是在选教授，不必一定选择高学历，因为只有他精于商场，在商场上节节取胜，你才有可能从士兵升到将军。

（2）无论文化如何，求知若渴、孜孜以求的人。无知的人是最易满足的人，反过来讲，不满足的人往往有知有识，进步神速。

（3）上班比职工还准时的人。起码说明他对自己是负责的，如果对自己都不负责，如何对别人负责？

（4）格外遵守时间的人。不因内部开会而迟到，也不虚假解释，在没有人敢对他指责的情况下，准时是他人品和素质的反映。

（5）凡事有原则的人。奖励你有奖励你的原则，惩罚你也有惩罚你的标准，不以个人情绪为转移。只有奖惩分明才能带动一支队伍。

（6）心胸坦荡，不计较针针线线的人。一个老板要能容人，容不得人如何纳千军万马？职工打个哈欠，他非说坏了他的财气，这样的人不可跟。

（7）有胆量和魄力的人。什么叫胆量？就是别人不敢做的他敢做，当然违法犯罪的事除外；什么叫魄力？就是别人只想着做1万元的事，他却在想着做1000万元的事，当然空想也没用。画饼充饥、只一味许诺却从不实现的人不要跟，也不能跟。

（8）不妒贤嫉能的人，永远能够看到别人优点的人是首选的对象。有种人看见别人好，自己就睡不着觉；看见别人不行，又在那儿骂骂咧咧，永远是别人不对。跟着这样的人，你永远没有出头之日。嫉妒别人的人不可跟。

（9）不大方，也不小气的人。该花的，花多少也不吝惜；不该花的，一个钉子也要从地上捡起来。

　　这只是几点建议，年轻人究竟如何选择最适合你的老板，就像如何选择最适合你的对象一样，没有唯一的标准。要想选对老板，最后还要看你个人的品位，选择权在你，选得好坏就看你的眼力了。

人生没有如果，工作没有假设

　　什么是"事必躬亲"型的老板？

　　一般来说，这样的老板在工作中都会带有"每一件事情我不经手就一定会出差错"的想法，所以他们总是小心谨慎地应对每一件事。其实在他们心里，这是他们引以为傲的一件事。他们还喜欢说的另一句话就是"累死了",但是脸上却表现出很知足的样子。这类老板的心理定式就是"能者多劳",他们认为谁最"累"便是谁最"能",老板当然不会放过享受这样的"殊荣"。

生活中,事必躬亲的老板并不少见,尤其是一些小公司。老板的事必躬亲一般出于以下三个原因:

一是出于利益上的考虑,认为只要自己多干一些就可以少请一名员工;少请一名员工,就可以少发放一份工资,节约成本。

二是过分相信自己的能力,认为只有自己才能把事情办好;也有少数老板畏惧下属的能力,担心一旦授权会"功高盖主";有的老板有强烈的权力欲望,只有事必躬亲,才能显示自己是有权力的人,不要说授权,就是下属职责范围内的事他也要插手。

三是老板对员工有偏见,对其毫不信任,所以自己把持着公司里几乎所有的权力,无论什么事,只有自己亲自做才放心,只要是和公司有关的事,事无巨细,没有他的同意哪件事都别想开展下去,即使是很小的办公用品都要到他指定的地点购买。

事必躬亲的结果往往是企业内部舞弊、分权不均,职位形同虚设。

有一家餐饮业的老板,短短几年,便把一个大排档发展成为一家有数家分店的餐饮连锁企业。企业越大,他就越忙,天天"两眼一睁,忙到熄灯"。虽然聘请了一个月薪过万的总经理,但是由于老板大权独揽,小权不放,动辄"一竿子到底",这位总经理也就大小事情都向老板汇报,将自己的功能降到楼面经理的位置。由于老板不懂、不肯、不会授权，也没有激发下属的潜能，企业的各类事情只能被动应对，碰到突发、紧急的事情，常常顾前不顾后。

"吃饭有人找，睡觉有人喊，走路有人拦"，是这位老板每天的生活写照。最后，企业萎缩，终告破产，老板也只能到外地去谋发展。事业无成倒也罢了，由于终年劳累，他还落了一身的病。

像例子里的这位老板一样事必躬亲，大事小事一手抓，只能埋没下属的能力，让自己疲惫不堪，是很不值得的。一个明智的、有远见的老板，一定是一个懂得授权的人，他会让下属忙碌，而自己则乐得清闲。

授权指的是老板根据工作需要，将一部分权力和责任授给下属，让下属在公司严格的制度下放手工作的一种领导艺术。"想大事、抓根本、懂授权、真信任"，是领导者举重若轻的法宝。一个老板应该懂得，适当的授权可以减轻自己的工作负担，让自己从琐碎的事务中解脱出来，集中精力想大事干大事，发挥下属的专长，增强组织的凝聚力和战斗力，建立团队精神等，这些大事才是一个老板应该做的。

老板应该抓大放小，把握好大的方向，引领自己的企业走在正确的道路上，至于具体该怎么做则是下属的事。如果老板分不清轻重，什么都做，甚至把员工该做的都做了，那员工做什么？没有任何一个团队，仅凭老板一人单枪匹马就可打天下的，现实的世界不存在"孤胆英雄"，老板顶多是队长，他的心中必须时时刻刻树起一个团队的旗子。

　　一个能成大事的老板会懂得抓大事、议大事，而把具体的事务交给下属去做，激励下属创造性地开展工作，这样，不仅能解脱自己，还能充分调动下属的主观能动性，从而取得最佳工作效益。年轻人在职场中跟对了这样的老板，才有可能充分发挥个人才能，不断得到提升。而那些事无巨细都要过问的老板，只会限制你的发展。

一个人容易迷路，
与人同行走得更远

NI BU NULI
MEI REN NENG
GEINI XIANGYAO DE
SHENGHUO

　　每个人都需要朋友。结识一些相互欣赏、有情有义的朋友对一个人的事业、生活是极其重要的。然而，人心有异，在交朋友之前，年轻人要学会洞察其是否有真朋友的心怀。只有选择了对的朋友，对我们才更有益、更有帮助。

　　吴明上大学后违背父母的意愿，放弃医学专业，专心于创作。值得庆幸的是，一次偶然的机会，她遇到了知名的专栏作家田恬，她们成了知心朋友，无所不谈。经田恬悉心指教，吴明不久便寄给父母一张刊登自己文章的报纸。一个人在挫折时得到的帮助是很难忘的，更何况是朋友。吴明与田恬的关系很好。她们一同参加鸡尾酒会，一同去图书馆查阅资料。吴明还把田恬介绍给所有她认识的人。

但这时的田恬正面临着不为人知的困难，她已经拿不出与名声相当的作品了，创作源泉几近枯竭。

一次，当吴明把她最新的创作计划毫无保留地讲给田恬听时，田恬心里闪过了一丝光亮。她仔细听完，不住地点头，脑中产生了一个罪恶的想法。

不久，吴明在报纸上看到了她构思的创作，文笔清新优美，署名是"田恬"。吴明谈到她当时的心情时说："我痛苦极了，其实，如果她当时给我打一个电话，解释一下，我是能够原谅她的，但我面对报纸整整等了3天，也没有任何音讯。"

半年之后，吴明在图书馆遇到了田恬，她们互相询问了对方的生活，很有礼貌地握手告别。

自那件事以后，她们两个人都停止了创作。

可见，交友时要有一定的识别能力。和一个人交往时要判断对方和你交往的动机是什么，是看重你的人还是别的。如果是纯粹看重你的钱和势或其他利益，那就不必深交。

应该明确的是，朋友的甄选并不能单凭你感情上的好恶作为标准。因为如果你只是凭自己喜欢与否来选择朋友，那会使你失去很多有价值的朋友。有的人可能你第一眼看上去感觉就不舒服，或者因为他模样长得怪，或者因为他不卫生，或者因为他语言不雅，但这只是你的第一印象，也许在你了解他以后，会觉得他是你最可信赖的朋友。

物以类聚，人以群分。看看对方周围都是些什么人，即可知道他是否值得你交。如果对方的朋友都是一些不三不四、不伦不类的人，他的素质就不会太高；如果他结交的都是些没有道德修养的人，他自己的修养也好不到哪里去。所以，了解一个人的朋友也就了解了这个人。

想了解一个人，还可以观察他是怎样对待别人的。人在得意时，特别爱诉说他与别人交往的情景，他说的时候是无意的，不会想到他与被说人有什么关系，所以，一般比较真实。

如果对方当着你的面说自己如何占了别人的便宜，如何欺骗了对方，等等，那你以后就得对他注意一点儿，他有可能也会这么对待你。

有一种人可能当面批评你，指出你的缺点来，却又在你面前夸奖别人的优点，你也许不愿接受他的这种直率，但这种人却是非常值得信赖的，可以做你的好朋友。

要知道哪些人不可交，关键是要在生活中对其行为有比较理性的判断，如此你便会交到真正的朋友。

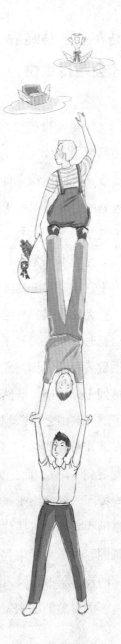

马在有了马蝇后
才会跑得更快

NI BU NULI
MEI REN NENG
GEINI XIANGYAO DE
SHENGHUO

1996 年世界爱鸟日这一天，芬兰维多利亚国家公园应广大市民的要求，放飞了一只在笼子里关了 4 年的秃鹰。3 天后，当那些爱鸟者们还在为自己的善举津津乐道时，一位游客在距公园不远处的一片小树林里发现了那只秃鹰的尸体。解剖发现，秃鹰死于饥饿。

秃鹰本来是一种十分凶悍的鸟，甚至可与美洲豹争食。然而由于它在笼子里关得太久，远离天敌，结果失去了生存能力。

无独有偶。一位动物学家在考察生活于非洲奥兰治河两岸的动物时，注意到河东岸和河西岸的羚羊大不一样，前者繁殖能力比后者更强，而且前者每分钟奔跑的速度比后者要快 13 米。他感到十分奇怪，既然环境和食物都相同，何以差别如此之大？为了解开其中之谜，动物学家和当地动物保护协会进行了一项实验：在两岸分别捉 10 只羚羊送到对岸生活。结果，送到西岸的羚羊发展到 14 只，而送到东岸的羚羊只剩下了 3 只，另外 7 只被狼吃掉了。谜底终于被揭开了，原来东岸的羚羊之所以身体强健，是因为它们附近居住着一个狼群，这使羚羊天天处在一个"竞争氛围"中。为了生存下去，它们变得越来越有"战斗力"。而西岸的羚羊弱不禁风，恰恰就是因为缺少天敌，没有生存压力。

大自然的法则就是"物竞天择，适者生存"。没有竞争，就没有发展；没有对手，自己就不会强大；没有敌人，就没有胜利可言。

和大自然类似，人的一生，无论顺利还是坎坷，注定要扮演"战士"的角色，遭遇大大小小的对手或"敌人"。战场上的真刀真枪自不必说，哪怕是在和平年代里，大到创新事业，小到一场牌局，同样需要艰苦奋战，才能稳操胜券。

其实，在许多时刻，敌人和对手都显得比朋友更真实，当他打败你时，绝对不会留什么情面；他嘲笑你时，那份冷酷更是刻骨铭心。是对手或敌人的强悍，让我们昼夜习武，练成一身好功夫；是对手或敌人的狡诈，使我们时刻保持警觉之心；是对手或敌人的强大，鞭策我们卧薪尝胆、韬光养晦；是对手或敌人的智慧，激励我们不断学习、与时俱进；是对手或敌人的威胁，令我们战战兢兢、如履薄冰；是对手或敌人的围追堵截，使我们不断自我否定，使我们打败真正的敌人——我们自己；是对手或敌人的暂时麻痹或懈怠，才导致了我们的幸运和成功。

在第 27 届奥运会上，孔令辉在男子乒乓球单打决赛中，艰难地以 3：2 战胜瓦尔德内尔后，拿到了冠军。全国人民为之欢呼雀跃，而主持人白岩松说了一句让我们难忘的话："我们感谢瓦尔德内尔。"

是的，正如主持人白岩松所说，有了这么一个强大的对手，和他多年来竞技水平的不断提高，才让垄断世界乒坛的中国队找到了真正意义上的对手。这样的对手，可使我们更强大，我们要感谢这样强大的对手。

　　生活中，竞争是无处不在的，对手也是无处不在的。正因为对手的存在，我们才会产生要打败他而成为强者的念头。这是人渴望胜利的本性，也是社会赋予人机会的条件。有些对手阻碍我们成功，所以你追求成功；有些对手阻碍你生活，所以你偏要活下去。谁也不想被淘汰出局，让我们在对手的激励下，变得越来越强大吧。

　　一份研究资料显示，一年中不患一次感冒的人，得癌症的概率是经常患感冒者的6倍。至于俗语"蚌病生珠"，则更说明问题。一粒沙子嵌入蚌的体内后，它将分泌出一种物质来疗伤，时间长了，便会逐渐形成一颗晶莹的珍珠。

　　说到"对手"，我们想到的往往就是某种敌意和戒备，但是，"对手"也可以成为我们的伙伴和朋友。年轻人给自己找一个对手，认识到自己和别人的差距，从而为自己确立一个奋斗目标。给自

己找的竞争对手，不能太强，太强了会让你感觉高不可攀，反而打击你的信心；也不能太弱，那样就无法很好地激发出你的潜能。最好的竞争对手，是比你稍强一点的，他在某一方面值得你学习，最重要的是，你从他身上能感觉到，自己经过一段时间的努力能够赶超他，这样才会更有动力。

不仅"做事"，
更要"做成事"

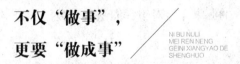

有一次，刘墉和女儿一起浇花。女儿很快就浇完了，并准备出去玩。刘墉叫住她问："你看看爸爸浇的花和你浇的花有什么不一样？"

女儿看了看，没发现有什么不一样的地方。

于是刘墉将两人浇的花连根拔了起来，女儿一看，脸就红了，原来爸爸浇的水都浸透到了根上，而自己浇的水仅仅只将表面的土淋湿了。

刘墉语重心长地教育女儿：做事不能只做表面功夫，一定要彻底，做到"根"上。

做事并不难，人人都在做，天天都在做，难的是将事做成。做事和做成事是两个不同的概念，做事只是基础，而只有将事做成，你的任务才算真正完成了。做事其实也和浇花一样，如果只是敷衍了事，做了跟没做一样，那就等于在浪费时间。这就是很多看起来一天到晚很忙的人忙而无果的重要原因。

有的人经常说："我努力了，所以我问心无愧。"而老板喜欢说的却是："我看到你努力了，但请给我结果。"许多人说结果不是最重要的，这是一种非常可笑的观点，怀着这种所谓的"超然"心态去做事，其结果往往是无法超然的失败。这种人所看重的"内心的体验"也只不过是失败所带来的遗憾和伤感。这种遗憾和伤感或许是诗人们创作的源泉，但对于我们绝大多数靠努力来生活的普通人来说，没有任何帮助。

崔律、刘冬、何蝶不仅是中学同班同学，而且是大学同班同学，更是在同一天进入同一家公司的同事。

但是他们的薪水却不相同：崔律的月薪是 3000 元，刘冬月薪 2500 元，何蝶月薪 2000 元。有一天，他们的中学老师来看望他们，得知他们薪水的差距之后，老师就去问总经理："在学校，他们的成绩都差不多呀，为什么毕业一年就会有这么大的差距？"

总经理听完老师的话，笑着对老师说："在学校他们是学习书本知识，但在公司里，却是要行动、要结果。公司与学校的要求不同，员工表现也与学校的考试成绩不同，薪水作为衡量的标准，就自然不同呀！"

看到老师仍然满脸不解的样子，总经理对老师说："这样吧，我现在叫他们三人做相同的事情，你只要看他们的表现，就可以知道答案了。"

总经理把这三个人都找来，然后对他们说："现在请你们去调查一下停泊在港口的船。船上毛皮的数量、价格和品质，你们都要详细地记录下来，并尽快给我答复。"

一小时后，他们三人都回来了。

何蝶先做了汇报："那个港口有一个我的旧识，我给他打了电话，他愿意帮我们的忙，明天给我结果。我为了保证明天他给我结果，我准备今晚请他吃饭，请您放心，明天一定给您结果。"

接着，刘冬把船上的毛皮数、品质等详细情况给了总经理。

轮到崔律的时候，他首先报告了毛皮的数量、品质等情况，并且将船上最有价值的货品详细记录了下来。然后表明，他已向总经理助理了解到总经理的目的，是要在了解货物的情况后与货主谈判。于是，他在回程中，又打电话向另外两家毛皮公司询问了相关货物的品质、价格等。

此时，总经理会心一笑，老师恍然大悟。

相信看到这种情况后，任何一个人都会像那位老师一样，一下子就明白了。

称职者只满足于做事，最棒者却是要做成事，正如例子里的崔律。做成事你才能永远领先他人一步，许多人在工作中或生活中满足于做事，认为工作只要过得去就行，没有必要做到最好，但是那些在自己的工作中做出了非凡成绩的人都是以做成事为目标的。

年轻人一定要树立把事情做成的态度，不仅要"做事"，还要"做成事"。

一次做对，
才能次次做对

NI BU NULI
MEI REN NENG
GEINI XIANGYAO DE
SHENGHUO

在我们的工作中经常会出现这样的现象：

——5% 的人并不是在工作，而是在制造问题，无事必生非，他们是在破坏性地做。

——10% 的人正在等待着什么，他们永远在等待、拖延，什么都不想做。

——20% 的人正在为增加库存而工作，他们是在没有目标地工作。

——10% 的人没有对公司做出贡献，他们是"盲做""蛮做"，虽然也在工作，却是在进行负效劳动。

——40% 的人正在按照低效的标准或方法工作，他们虽然努力，却没有掌握正确有效的工作方法。

——只有 15% 的人属于正常范围，但绩效仍然不高，仍需要进一步提高工作质量。

这些人做事看似很努力、很敬业，但他们不精益求精，只求差不多。尽管从表面上看来，他们很努力，但结果却总是无法令人满意。

在他们的工作中，也许都发生过工作越忙越乱的情况，解决了旧问题，又产生了新故障，在一团忙乱中造成了新的工作错误，像无头苍蝇一样四处打转，越忙越"盲"，把工作搞得一团糟。

结果是，轻则自己不得不手忙脚乱地改错，浪费大量的时间和精力，重则返工检讨，给公司造成经济损失或形象损失。但如果我们能在第一次就把事情做对，就能大大提高办事效率和成功的概率。

我们平时最经常说到或听到的一句话是："我很忙。"是的，在"忙"得心力交瘁的时候，我们是否考虑过这种"忙"的必要性和有效性呢？

由此可见，第一次没做好，同时也就浪费了时间，返工的浪费最冤枉。第二次把事情做对，既不快，也不便宜，会浪费很多的时间和精力。

工作缺乏质量，容易出错，结果忙着改错，改错中又很容易忙出新的错误，恶性循环的死结越缠越紧。这些错误往往不仅让自己忙，还会让很多人跟着你忙，造成整个团队工作效能低下。

美国的一份研究报告说，在华盛顿因工作马虎造成的损失，每天至少有 100 万美元。该城市的一位商人曾抱怨说，他每天必须派遣大量的检查员，去各分公司检查，尽可能地制止各种马虎行为。在许多人眼里有些事情简直是微不足道，但积少成多，积小成大。

一些不值一提的小事会影响他们做事的工作效率，当然也会影响他们的晋升和事业的发展。

有些人在工作和生活中养成了马马虎虎、心不在焉、懒懒散散的坏习惯。他们没有工作的质量观念，总想着还有下一次修正的机会，这样是无法保证工作绩效的，长期这样下去，影响的是自己的前途和发展。

我们工作的目的是为了创造价值，而不是制造错误以后再去改正错误。在工作完工之前，想一想出错后带给自己和公司的麻烦，想一想出错后造成的损失，就应该能够理解"第一次就把事情完全做对"这句话的分量了。

"第一次就把事情做对"（Do It Right The First Time，简称DIRFT）是著名管理学家菲利普·克劳士比"零缺陷"理论的精髓之一。第一次就做对是最便捷的经营之道，也是最快捷的成功之道！第一次做对的概念是企业的灵丹妙药，同时也是我们提升工作效率的一个重要法则。

无论做什么事，都要讲究到位，半到位又不到位是最令人难受的。在我们执行工作的过程中，"第一次就把事情做对"是一个应该引起足够重视的理念。如果这件事情是有意义的，现在又具备了把它做对的条件，为什么不现在就把它做对呢？

年轻人只有坚持一次把事情做对的工作理念，我们的努力才没白费，个人事业才有兴旺可言。

完成到完美
并不是一步之遥

NI BU NULI
MEI REN NENG
GEI NI XIANGYAO DE
SHENGHUO

"做对了，才叫做了"，这句话一针见血地指出了许多年轻人在生活和工作中最容易犯的错误：只是满足于"做"，却不重视是否把事情做好了。所以表面看起来，整天在付出、在努力、在忙，但是这种忙是穷忙、瞎忙。

老板对小张越来越不满意了。可究竟为什么，连老板自己也说不太清楚。他只知道，小张每次都能把他交代的事情完成，却不能让他完全满意。

有一次，老板让小张帮忙查一下北京主要宾馆的情况，因为有个重要的客户要过来，老板自然要好好地招待一番。

小张接到任务就忙开了。半天之后，小张给老板发来了一封电子邮件，上面密密麻麻地写着 20 多家宾馆的众多信息，包括宾馆等级、地理位置、服务质量，等等。老板看到这封邮件就皱起了眉头，显然，他不是很满意。他希望看到的是简洁明了的说明，最好有一些小张的建议，比如，哪家宾馆的菜做得好，或哪家的服务会比较适合这位客户。但这些信息老板都没有看到。

但老板又不好指责小张，因为小张确实将老板交代的工作做了，而且也尽快完成了。所以，问题恐怕就出在小张并没有把工作做对。

职场中有许多小张这样的人，他们会不打折扣地完成老板交代的任务，并且不会发生方向的偏差，也就是说能把老板布置的

40 / 你不努力 没人能给你想要的生活

工作完成。然而，他们还欠缺一点儿主动性和一点儿变通能力，还不能够用自己的智慧和能力把事情做好。

"做了"与"做对"，虽然只有一字之差，却有本质区别。前者只是走过场甚至是糊弄人，后者却意味着对工作的负责。做工作，绝对不能满足于"做了"。满足于"做了"，不仅会浪费资源，更可怕的是自欺欺人，既有可能将自己麻痹，也有可能使单位疏忽乃至麻痹，于是，该有的效率出不来，没有想到的陷阱和危机却可能不期而至。沃尔玛的创始人沃尔顿年轻时收到耶鲁大学的录取通知书后，却因为家里穷交不起学费而面临失学的危机。于是他决定趁假期去打工，像父亲一样做名油漆工。

沃尔顿接到了为一大栋房子刷油漆的业务，尽管房子的主人迈克尔很挑剔，但给的报酬很高。沃尔顿很高兴地接下了这桩生意。在工作中，沃尔顿自然是一丝不苟，他认真和负责的态度让几次来查验的迈克尔感到满意。这天，是即将完工的日子。沃尔顿为拆下来的一扇门板刷完最后一遍漆，刚刚把它支起来晾晒。做完这一切，沃尔顿长出一口气，想出去歇息一下，不想却被脚下的砖头绊了一下。这下坏了，沃尔顿碰倒了支起来的门板，门板倒在刚粉刷好的雪白的墙壁上，墙上出现了一道清晰的痕迹，还带着红色的漆印。沃尔顿立即用切刀把漆印切掉，又调了些涂料补上。可是做好这些后，他怎么看怎么觉得补上去的涂料色调和原来的不一样，那新的一块和周围的也显得不协调。怎么办？沃尔顿决定把那面墙重新刷一遍。

大约用了半天时间，沃尔顿把那面墙刷完了。可是，第二天沃尔顿又沮丧地发现新刷的那面墙还是显得色调不一致，而且越看越明显。沃尔顿叹了口气，决定再去买些材料，将所有的墙重刷，尽管他知道这样做，他要花比原来多一倍的本钱，他就赚不了多少钱了，可是，他还是决定重新刷一遍。

　　他刚把所需的材料买回来，迈克尔就来验工了。沃尔顿向他道歉，并如实地将事情和自己内心的想法说了出来。迈克尔听后，不仅没有生气，反而对沃尔顿竖起了大拇指。作为对沃尔顿负责态度的奖励，迈克尔愿意赞助他读完大学。最终，沃尔顿接受了帮助。后来，他不仅顺利读完大学，毕业后还娶了迈克尔的女儿为妻，进入了迈克尔的公司。10年后，他成了这家公司的董事长。

　　现在提起世界上最大的沃尔玛零售公司无人不知，可是没有多少人知道，其创始人当年曾是刷墙的穷小子。一面墙改变了沃尔顿的命运，更确切地说，是他这种"做对了，才叫做了"的精神改变了他的命运。

　　做了不等于做好了，只有做好了才叫做了。把问题解决好，才算得上是合格地完成了该做的事。年轻人只有把"做对"作为执行的关键，才能圆满地完成任务。

第三章

成功不单是做得
　更多，还要想得更好

努力的前提，
是要做对选择

NI BU NULI
MEI REN NENG
GEINI XIANGYAO DE
SHENGHUO

　　所谓取舍，其实就是一种选择，在得到与放弃之间做出自己的抉择。我们每个人想要的东西都很多，可真正属于自己的又能有多少，或许不过是沧海一粟。

　　"鱼，我所欲也；熊掌，亦我所欲也。二者不可得兼，舍鱼而取熊掌者也。生，亦我所欲也；义，亦我所欲也。二者不可得兼，舍生而取义者也。"孟子通过鱼和熊掌的不可兼得，引申到生命与义之间的选择，得出的结论是，舍生取义。

　　虽然生活中很少有人会遇到在生命与正义之间做出选择的机会，但选择无处不在。面对生命，有时也需要抉择，在躯体的完整与生命的延续间，需要取舍；同样，面对丰富多彩的世界，会面临许多选择。比如在读书的时候，我们要选择学校专业。在毕业的时候要选择继续深造还是马上就业。在生活中，我们要选择恋人和朋友。到了人生的暮年，我们同样要面临各种选择，是独享晚年还是与儿女们共同度过等问题。

　　每当面对取与舍时，很多年轻人都会在有意无意地做着选择，因为取意味着得，舍意味着失，于是在取舍之间，我们自然而然地趋向于前者。然而，生活这门艺术并非如此简单，生活并不像一加一等于二那么一目了然，生活当中的取舍艺术，也并不是取与得、舍与失的一一对应关系。生活当中的有关取与舍的艺术，

44　／　你不努力　没人能给你想要的生活

需要我们用自己的智慧和力量去实践。

当鱼和熊掌不能兼得时，年轻人应学会放弃，当有所为，有所不为。我们失去的，会有回报，不要悲观地感慨"不可兼得"，要乐观地看到"失之东隅，收之桑榆"。

仔细观察就不难发现，成功者往往有着很强的紧迫感，他们一旦认识到所面临的事情有价值，就会全身心地去奋斗，巧妙策划，不怕挫折，直至达到目的。

美国著名的心理学家、哲学家威廉·詹姆斯曾经说过："明智的艺术即取舍的艺术。"在很多时候，都要做到适度的取舍。如若不能很好地面对生活中各种纷繁复杂的事物，不能对这些事物进行适度的取舍，那么我们在生活中的表现就不能算得上是明智的。那些不懂取舍之道的人也不能算得上是生活中的智者。

在人生道路上，当面对种种取与舍的选择时，我们必须认认真真地加以选择。只有合理适当地进行取舍，我们才能走上正确的人生道路，尽享人生道路上的种种乐趣。

有这样一道测试题：在一个暴风雨的夜里，你驾车经过一个车站，车站有三个人在等巴士，一个是病得快死的老妇人，一个是曾经救过你命的医生，还有一个是你长久以来的梦中情人。如果你只能带上其中一个乘客走，你会选择哪一个？

每个人的答案都不同，有的选择了自己一生难得的情人，有的基于道德选择快死的老妇人，有的要报恩选择那位医生。任何一种答案都会遭到另外一些人的反对，而最好的答案是："把车钥匙给医生,让医生带老人去医院,然后和梦中情人一起等巴士。"

当这个答案出来以后,很多人都不得不感慨地说:"多么完美啊,我怎么就没有想到呢?"是啊,这个答案既报了恩,也救了人,同时也没有和情人失之交臂。而我们为什么没有想到呢?这大概就是因为我们从来没有想过放弃那把钥匙,在我们心里一直固执地认为那把钥匙是属于自己的。

面对机会的来临,我们常有许多不同的选择。有的人会默默地接受;有的人持怀疑的态度,站在一旁观望;有的人则顽固得如同骡子一样,固执地不肯接受任何新的改变。而不同的选择,当然导致迥异的结果。许多成功的契机,起初未必能让每个人都看得到其深藏的潜力,而起初抉择的正确与否,往往便是成功与失败的分水岭。所以,有时候,如果我们可以放弃一些固执、限制甚至是利益,反而可以得到更多。所以,在我们面对很多选择的时候,不要固执地去选择其中的一个,换一种角度,试着去放弃一些,效果会更好。

找准前进的方向
比努力更重要

NI BU NULI
MEI REN NENG
GEINI XIANGYAO DE
SHENGHUO

选择无处不在,比如选衣服、选朋友、选伴侣、选工作、选时机、选环境……人人在选择,人人也在被选择。选择是为了"两害相衡取其轻，两利相权取其重"。选择是需要付出代价的，有时候失之毫厘，谬之千里，正所谓"一失足成千古恨"。一个人如果有时间坐下来回顾自己走过的路，或多或少都会有一些对当初选择的后悔。有人说："人生的悲剧说穿了就是选择的悲剧，随便选择将失去更好的选择。"我们姑且不论前半句话是否是事实，但就成功而言，后半句话则值得重视。

一位女孩在某名牌大学读书期间，一时冲动想当作家，她不顾家人的劝阻，执意退学回到家乡写小说。几年过去了，她写的小说没发表过一篇，最终在痛苦中精神分裂了，她烧掉了手稿离开了这个世界。

其实，人生最重要的，不在于目标怎样宏远，或者如何踌躇满志，而是善用自己的才干和能力，并且有最佳的发挥。有时候，做自己想做的事远不如做自己能做到，且最擅长的事收获大。

有一位年轻人的父母希望自己的儿子长大后能成为一位体面的医生，这位年轻人自己也对医生这个职业很感兴趣。可是他读到高中便被计算机迷住了，心思都放在了电脑上。他的父母耐心地规劝他，希望他能用功念书，以后好风光地立足社会。

不久，他果然不负众望，考入了一所医科大学。他虽然对做医生也很感兴趣，但无论如何努力，医学成绩总是平平，丝毫不能引起老师的注意。但是在电脑方面，他反而越做越顺手。

在第一学期，他从零售商处买来了降价处理的个人电脑，在宿舍里改装升级后卖给同学。他组装的电脑性能优良，而且价格便宜。不久，他的电脑不但在学校里走俏，而且连附近的法律事务所和许多小企业也纷纷来购买。

后来，经过认真考虑，第一个学期快要结束的时候，他把退学的计划提了出来。父母坚决不同意，只允许他利用假期推销，并且承诺，如果一个夏季销售不好，那么，必须放弃。可是，他的电脑生意就在这个夏季突飞猛进，仅用了一个月的时间，他就完成了 19 万元的销售额。他的父母只得同意他退学。

这以后，他组建了自己的公司，并且公司很快就发展了起来。那年他才 24 岁。

他的成功至少可以告诉我们一点：选择你真正能做得好的职业，更容易赢得辉煌成就。

苏联著名的心理学家索尔格纳夫认为，在发挥自己的最佳才能时，不要把"想做的"和"能做的"以及"能做得最好的"混淆在一起，而这却常常是我们最容易犯的错误。

　　成功者心中都有一把丈量自己的尺子，知道自己该干什么、不该干什么。比尔·盖茨曾经说过这样一句话："做自己最擅长的事。"微软公司创立时，只有比尔·盖茨和保罗·艾伦两个人，他们最大的长处是编程技术和法律经验。他俩以此成功地奠定了自己在这个产业上的坚实基础。在以后的 20 多年里，他们一直不改初衷，"顽固"地在软件领域耕耘，任凭信息产业和经济环境风云变幻，从来没有考虑过涉足其他产业。结果他们有了今天这样的成就。

　　索尔格纳夫说："每一个人不要做他想做的，或者应该做的，而要做他可能做得最好的。拿不到元帅杖，就拿枪；没有枪，就拿铁铲。如果拿铁铲拿出的名堂比拿元帅杖要强千百倍，那么，拿铁铲又何妨？"能做得最好的就是最擅长的，不选择自己最擅长的工作是愚蠢的，就相当于拿自己的短处和别人竞争，结果必然是失败。每个人都有长处和不足，如果能够看清自己的长处，对其进行重点经营，则必定会给你的人生增值；相反，如果你分不清自己的长处和不足，或者误将不足当成长处去经营，则必定会使你的人生贬值。

更新自己的思维，
未来属于有头脑的人

NI BU NULI
MEI REN NENG
GEINI XIANGYAO DE
SHENGHUO

我们常常会遇到难以解决的问题，有的人会选择放弃，有的人会选择不达目的不罢休，而有的人会改变思路，寻找解决问题的新角度，毫无疑问，最后一种人是最有可能解决问题，并有大的收获的人。

犹太人说，这世界上卖豆子的人应该是最快乐的，因为他们永远不必担心豆子卖不完。

假如他们的豆子卖不完，可以拿回家去磨成豆浆，再拿出来卖给行人。如果豆浆卖不完，可以制成豆腐，豆腐卖不成，变硬了，就当作豆腐干来卖。而豆腐干卖不出去的话，就把这些豆腐干腌起来，变成腐乳。

还有一种选择是：卖豆人把卖不出去的豆子拿回家，加上水让豆子发芽，几天后就可以改卖豆芽。如豆芽卖不动，就让它长大些，变成豆苗。如豆苗还是卖不动，再让它长大些，移植到花盆里，当作盆景来卖。如果盆景卖不出去，那么再把它移植到泥土中去，让它生长。几个月后，它结出了许多新豆子。一颗豆子现在变成了上百颗豆子，想想那是多么划算的事。

一颗豆子在遭遇冷落的时候，可以有无数种精彩的选择，一个人更是如此，当你遭受挫折的时候，千万不要丧失信心，稍加变通，再接再厉，就有美好的前途。条条道路通罗马，要相信自己终会成功的。

年轻人在遇到难以解决的问题时，与其死盯住不放，不如把问题转换一下，化难为易，达到解决问题的目的。聪明人可以把复杂问题简单化，不聪明的人可以把简单的问题复杂化。事实上，解决复杂问题时能够化繁为简，就体现了一种新的视角。"曹冲称象"中，曹冲之所以能够把称大象这么一个复杂的困难问题变得简便易行，关键是他把"称大象"变成了"称石头"。

有一个农民，当地人都说他是个聪明人。因为他爱动脑筋，所以常常花费比别人更少的力气，获得更大的收益。秋天收获土豆后，为了卖个好价钱，大家都先把土豆按个头分成大、中、小三类，每家都起早摸黑地干，希望快点把土豆运到城里赶早上市。而这个农民却与众不同，他根本不做分拣土豆的工作，而是直接把土豆装进麻袋里运走。他在向城里运土豆时，没有走一般人都经过的平坦公路，而是载着装土豆的麻袋，开车跑一条颠簸不平的山路。这样一路下来，因为车子的不断颠簸，小的土豆就落到麻袋的底部，而大的就留在了上面，卖的时候大小就能够分开了。这样，他的土豆总是最早上市，他每次赚的钱自然比别人多。

在现实生活中，当我们解决问题时，时常会遇到瓶颈，那是由于我们只在同一角度停留造成的，如果能换一种视角考虑问题，情况就会改观，创意就会变得有弹性。

法国著名女高音歌唱家玛·迪梅普莱，有一个美丽的私人园林。每到周末，总有人到她的园林摘花、拾蘑菇，有的甚至搭起帐篷，在草地上野营、野餐，弄得林园一片狼藉。

　　管家曾让人在园林四周围上篱笆，并竖起"私人园林，禁止入内"的木牌，但均无济于事。园林内依然不断地遭到践踏、破坏，于是管家请示迪梅普莱。她沉思片刻，让管家做一个大牌子立在路口，上面醒目地写明：如果在林中被毒蛇咬伤，最近的医院距此15公里，驾车约半小时即可抵达。从此再也没有人闯入园林。

　　但如果我们动动脑筋，变换一下思路，不去向强敌直接挑战，不去触动和攻击障碍本身，而是采取避实击虚、避重击轻的迂回方式，先去解决与它发生密切关系的其他因素，最后使它不堪一击或不攻自破，比起硬碰硬的真打实敲，会更加事半功倍。

工作没有最好的，
只有适合的

　　人生就是一连串的选择，良好的选择应该是经过深思熟虑并符合个人内心愿望的。很多应届毕业生在面临人生第一份工作的时候，还没来得及思索自己真正想要什么、适合做什么便随着就

业大潮草草就业，也就是所谓的"先就业，再择业"。运气好的碰上个自己喜欢的职业干得还算得心应手，而更多的人是伴随着迷茫和不满度过工作的一个又一个光阴。

作为刚刚走上社会的大学毕业生，职业生涯中的第一份职业选择其实非常重要，并非一些人讲的先随便找个工作积累些经验就好。职业的选择也是个人对将来人生道路和生存方式的选择，它至少影响一个人未来一年或者几年的职业规划。

着眼于职业选择，只有选对了方向，才会有较大较快的成功。许多人职业失败并不是他们没有努力，而是选错了职业，导致他们在职业理想上越走越远、越来越吃力。在找工作之前，

毕业生要仔细慎重地选择职业。许多失败在选择之初就已注定。

菲尔大学毕业后，开洗衣店的父亲把儿子叫到了店中工作，希望他将来能接管这家洗衣店。但菲尔痛恨洗衣店的工作，所以懒懒散散，提不起精神，只做些不得不做的工作，其他工作则一概不管。有时候，他干脆"缺席"。他父亲为此十分伤心，认为自己养了一个没有野心并不求上进的儿子，使他在员工面前丢脸。

有一天，菲尔告诉他父亲，他希望到一家机械厂做一位机械工人。他的父亲十分惊讶。不过，菲尔还是坚持自己的意见。他穿上油腻的工作服，他从事比洗衣店更为辛苦的工作，工作的时间更长，但他觉得十分快乐。他在工作期间，选修了工程学课程，研究引擎，装置机械。

在他去世前，已是波音飞机公司的总裁，并且制造出了"空中飞行堡垒"轰炸机，帮助盟国军队赢得了第二次世界大战。如果他当年留在洗衣店不走，他的人生将是另一个样子。

如果他在选择自己的工作时，盲目地听从别人的建议，那么菲尔·强森这个名字也许将永远消失在历史的烟尘中。

俗话说："男怕入错行，女怕嫁错郎。"在古代，"嫁错郎"似乎比"入错行"更严重，因为在古代，女人嫁错了人不能离婚，而"入错行"若是改行则不会有道德和社会规范的顾虑。不过现代社会"入错了行"，虽然可以转行，但是真要做起来并不是那么容易。

一位大学毕业生，毕业后一时找不到工作，经人介绍来到一家果菜公司当临时工，想赚点儿零用钱。没想到工作一段时间后，因为已经习惯了那个工作和周围的环境，也就没有积极去找别的工作，而且一做便是十几年。现在年近四十，也不想换工作了。他说："换工作，谁会要我呢？我又有哪些专长可以让人用我呢？"如今，他还继续在果菜公司当搬运工人。

也许你会说，想转行就转行，也没有人拦着你，但恐怕绝大部分的人都做不到。因为一个工作做久了、习惯了，加上年纪大了些，有了家庭负担，便会失去转行面对新行业的勇气。因为转行要从头开始，会影响到自己的生活。另外，也有人心志已经磨损，只好做一天算一天。有时还会扯上人情的牵绊、恩怨的纠葛，种种复杂的原因，让你有"人在江湖，身不由己"的感觉。

人总是有惰性的，不喜欢的工作做一两个月，一旦习惯了，就会被惰性牵制，不想再换工作了。一日又一日，不知不觉中，三五年过去了，那时要再转行，就更不容易了。

对于年轻人而言，走出校园迈向社会的第一份工作，应当慎之又慎。那种怀揣"先就业后择业"、随便找个公司挂靠的糊涂想法，无疑是"治标不治本"的错误之举。对自身定位不准，难以人尽其才，久而久之会让你的职业生涯陷入恶性循环。因为在人生事业的起点，你早已纵身跳入深渊之中；在职业列车的始发站，你的列车早已驶错了方向。

所以，毕业前做一个长远的职业规划，慎重选择人生中的第一份工作，为自己的前途打好基础，这就显得尤为重要。

在你没有能力放下的时候，
没有资格做选择

英国作家莎士比亚说："倘若没有理智，感情就会把我们弄得精疲力竭，为了制止感情的荒唐，所以才有智慧。"学会放弃，是一种自我调整，是人生目标的再次确立。学会放弃不是不求进取、知难而退，也不是一种圆滑的处世哲学。有的东西在你想要得到又得不到时，一味地追求只会给自己带来压力、痛苦和焦虑。这时，学会放弃是一种解脱。

两个朋友一同去参观动物园，由于动物园非常大，他们的时间有限，不可能将所有动物都参观到。他们便约定：不走回头路，每到一处路口，选择其中一个方向前进。第一个路口出现在眼前时，路标上写着一侧通往狮子园，另一侧通往老虎山。他们琢磨了一下，选择了狮子园，因为狮子是"草原之王"。又到一处路口，分别通向熊猫馆和孔雀馆，他们选择了熊猫馆，熊猫是国宝嘛……

他们一边走，一边选择，每选择一次，就放弃一次，遗憾一次。只有迅速做出选择，才能减少遗憾，得到更多的收获。

人生莫不如此。左右为难的情形会时常出现：比如面对两份同具诱惑力的工作，两个同具诱惑力的追求者。为了得到其中一个，你必须放弃另外一个。

要二十几岁的年轻人学会放弃，是要他们放弃那种不切实际的幻想和难以实现的目标，而不是放弃为之奋斗的过程和努力；是放弃那种毫无意义的拼争和没有价值的索取，而不是丧失奋斗的动力和生命的活力；是放弃那种金钱地位的搏杀和奢侈生活的追求，而不是失去对美好生活的向往和追求。

也许放弃是痛苦的，甚至是无奈的选择。但是若干年后，当我们回首那段往事时，我们会为当时正确的选择感到自豪，感到无愧于人生。

老鹰是世界上寿命最长的鸟类，它一生的年龄可达70岁。要活那么长的寿命，它在40岁时必须做出一个自我放弃的勇敢决定——它必须主动放弃自己身上曾经最尖锐的武器，否则，它将无法继续维持最基本的生存。因为当老鹰活到40岁时，它的爪子开始老化，无法有效地抓住猎物。它的喙变得又长又弯，几乎碰到胸膛。它的翅膀变得十分沉重，因为它的羽毛长得又浓又厚，使得飞翔十分吃力。

面临40岁的这个大坎儿，老鹰只有两种选择：要么等死，要么经过一个十分痛苦的更新过程。

它必须很努力地飞到山顶。在悬崖上筑巢，停留在那里，进行长达150天的痛苦过程。用它的喙击打岩石，直到完全脱落，然后静静地等候新的喙长出来。接着，它再用新长出的喙，把原来的趾甲一根一根地拔出来。待新的趾甲长出来后，再把自己身上又浓又密的羽毛一根一根地拔掉。

5个月以后，新的羽毛长出来了。老鹰便可以重新开始展翅翱翔，在未来的岁月中迎接自己的新生活。

放弃本身并不是我们的目的，放弃是为了更好地得到，一定不能忘记这一点。当你准备放弃的时候，要想清楚是自己为了放弃而放弃，还是为了更好地得到而放弃。

此外，放弃也是为了原谅自己，珍惜生活。古时候，一个老人背着一个砂锅前行，结果走了一会儿，绑砂锅的绳子忽然断了，砂锅也掉到地上摔碎了，可是老人却仿佛什么事都没有发生过，依旧头也不回地继续前行。好心的路人喊住老人："老人家，你不知道你的砂锅碎了吗？"老人回答："知道啊。"路人奇怪："那你为什么不回头看看？"老人说："既然已经碎了，回头看一看又有什么用？"说罢继续赶路。听完这个故事，不知道你有没有什么感悟。

这个老人说的和做的显然极有哲理。的确，既然砂锅已经摔碎了，回头看看又有什么用呢？失败是无法挽回的，即使惋惜、悔恨也于事无补。与其在后悔中挣扎，浪费时间，还不如重新来过，重新找到一个目标，再一次发奋努力。

每个年轻人都应该学会放弃，像那个老人一样。不要因为砂锅的碎裂而作无谓的自责和叹息。当我们真正学会放弃时，会发现那才是一种心理意义上的超越，是一种真正的战胜自我的强者姿态。

死拼盲打不靠谱，用智慧改变命运

NI BU NULI
MEI REN NENG
GEINI XIANGYAO DE
SHENGHUO

当你树立了一个明确的目标之后，就要制订一个相应的计划，但这还远远不够。常言说得好："计划赶不上变化。"因为任何事情都是处于变化之中的，往往一件事情的发展总是会在你的意料之外。你原有的计划将不再适合于已经变化了的局面，你必须对此做出改变。而一个思想僵化、保守的人显然是难以应对的。只有那些富有创造性的人才能够思路开阔地、灵活机动地对待不可避免、持续发展的变化，而这些变化恰恰是实现目标所必需的。

有一天，农夫的驴子不小心掉进了枯井里，农夫为此大伤脑筋。他绞尽脑汁地想办法也救不出驴子，几小时过去了，驴子仍然在枯井里痛苦地哀号着。无奈之下，农夫只好决定放弃，他想："反正这头驴子年纪也大了，花费太大的力气去救它出来也没有什么价值了，不过这口井早晚还是得填起来，还不如现在就把井填了。"

于是，农夫请来邻舍们准备帮助他将驴子埋了，一方面帮它解除痛苦，另一方面把这口井填平。邻居们开始铲土往枯井中填，这时候，聪明的驴子很快就领悟到了主人的用意，开始凄惨地哭了起来。但出人意料的是，一会儿驴子就安静了下来。

农夫好奇地探头往井底一看，顿时赞叹自家驴子的智慧。当他们将土扔到驴子的背部时，驴子的反应却令人称奇——它将泥土抖落在一旁，然后再将土踩在脚下。这些人不断地填土，驴子就不断地踩。就这样，驴子将他们铲到它身上的泥土全部抖落在井底，然后再站上去。没过多长时间，驴子就上升到了井口，在场围观的人无不用惊讶的表情看着自救成功的驴子。

驴子通过创新的思维和创新的行动拯救了自己，获得了成功。在全球化的浪潮中，灵活变通是必需的，灵活多变能把你引向成功的坦途，同时它也将成为你棋高一着的标志。

有个穷人向富人借钱，年关将近还还不了。于是富人对穷人说："这样吧，我把一黑一白两个石子放在布袋里，你来摸，摸到白的就不用还了，如果是黑的你就把女儿嫁给我。"

富人在放石子的时候，穷人的女儿看见他把两个黑石子放在口袋里。怎么办？当场拆穿的话对自己没好处，只有想个变通的方法。于是穷人的女儿在摸到石子的一刹那故意把它掉落在一堆

石子中，使之混于一堆石子中无法辨认是哪个。"这时只有一个办法，那就是拿出布袋中的另外一个以证明掉落的一个是黑还是白。"穷人的女儿这样说。不用说，穷人的女儿最终凭借自己的智慧使自己摆脱了困境。

所以，很多时候，在陷入困境中时，硬来不如想法变通有用。变通是每个年轻人都需要学会的一种思维方式。

詹姆斯是一家大公司的高级主管，他处在一个两难的境地。一方面，他非常喜欢自己的工作，也很喜欢跟随工作而来的丰厚薪水。但是，另一方面，他非常讨厌他的主管，经过多年的忍受，最近他发觉已经到了忍无可忍的地步了。在经过慎重思考之后，他决定去猎头公司重新谋一个别的公司的职位。

回到家中，詹姆斯把这一切告诉了他的妻子。他的妻子是一个教师，那天刚刚教学生如何颠倒过来看问题，于是把上课的内容讲给了詹姆斯听。这给了詹姆斯以启发，一个大胆的创意在他脑中浮现。

第二天，他又来到猎头公司，这次他是请公司替他的主管找工作。不久，他的主管接到了猎头公司打来的电话，请他去别的公司高就。尽管他完全不知道这是他的下属和猎头公司共同努力

的结果，但正好这位主管对于自己现在的工作也厌倦了，没有考虑多久，他就接受了这份新工作。

这件事最美妙的地方，就在于主管接受了新的工作，结果他目前的位置就空出来了。詹姆斯申请了这个位置，于是他就坐上了以前他主管的位置。

年轻人在处世时，也要注意变通。善于变通的人能够认识到什么是机会，并会及时采取行动抓住机会。变通能力需要以人的洞察力和行动力为武器，要时时与自身固执的心态做斗争。

善于变通的人，只需要一个好思路，就能开辟一条道路；只需一个转变，就能看到别样的风景；只需灵活一点儿，就能进退无碍；只需摒弃一份陈旧的思想，就能获得一次重生；只需举力打破，就能赢得天下。

要有方法的死撑，
不要盲目的"傻坚持"

思想家梁启超曾说："变则通，通则久。"知变与应变的能力是一个人的素质问题，同时也是现代社会办事能力高低的一个很重要的考察标准。办事时要学会变通，不要总是直线思考，放弃毫无意义的固执，这样才能更好地做成事情。

著名诗人苏轼的《题西林壁》一诗中有这样的名句："横看

成岭侧成峰，远近高低各不同。"如果你陷入了思维的死角而不能自拔，不妨尝试一下改变思路，打破原有的思维定式，反其道而行之，开辟新的境界，这样才能找到新的出路。

马铭刚到一家企业工作，公司为新员工们提供一次内部培训的机会。按惯例，作为培训前调研，新员工应该与该公司总经理进行一次深入的交流。这家公司的办公室在一幢豪华写字楼里，落地玻璃门窗，非常气派。交流中，马铭透过总经理办公室的窗子，无意间看到有来访客人因不留意，头撞在高大明亮的玻璃大门上。大约过了不到一刻钟，竟然又看到了另外一个客人在刚才同一个地方头撞玻璃。前台接待小姐忍不住笑了，那表情明显的含意是："这些人也真是的。走起路来，这么大的玻璃居然看不见，眼睛到哪里去了？"

其实马铭知道，解决问题的方法很简单，那就是在这扇门上贴上一根横标志线，或贴一个公司的标志即可。然而，为什么这里多次出现问题就是没人来解决呢？问题的关键是，大家都习惯了固定的思维方式，不求变通。这一现象背后真正隐含着的是一个重要的解决问题的思维方式。

改变思路，重新审视我们的制度，才是解决问题的良方。

某市的一个生产品牌手机的工厂，有一组流水线上的工人，不断地进行改良和创新，把一个流程从两个多小时缩短到一分半钟。原来的 BP 机板是整个的，要切开以后再焊接，他们把第一步改成先焊接再切开，因为这样可以用机械手一次性焊成，缩短了时间。之后，他们不断改进，每一步都只有非常小的改变，但是每一步都很坚实，最后的结果是把流程从两个多小时缩短到了一分半钟。后来这一组工人受到了品牌手机总部的奖励，并前往美国向全球的其他生产该品牌手机的工厂介绍经验。他们的经验在工厂内部得到了推广，极大地提高了生产率。

生产该品牌手机的工厂的绩效改变无疑是非常惊人的，而这个惊人的绩效改变不是来自多么大的改革，而只是来自于一小步、一小步的改变。

"如果你讨厌一个人，那么，你就应该试着去爱他。"善于改变自己的思维，不按照常理去想问题，就会取得非同一般的成效。这就是说，换一种思维方式，就能够化解问题。

巴黎有一位漂亮的女人，大选期间有人企图利用她的美色来拉拢一位代表投票。为了选举的公正，必须尽快找到这位美人，及早制止她的行动。但由于地址不详，担任这一寻找任务的上校经过24小时的努力，仍未掌握她的踪迹，急得坐卧不安。

这时，一位上尉来访，当即表示愿帮上校这个忙。上尉转身上街，找到一家大花店，让老板选一些鲜花，并让其帮助送给那位女人。老板一听美女的名字，把鲜花包装好后，举笔在纸上写下这位女人的地址，上尉轻而易举地获悉了这个女人的住处。

显然，上校用的办法是惯常的户籍查询、布控寻访等方式，故而费时费力而难见成效。上尉却善于改变思路，上尉思维的"终端目标"是美女的地址，那么，谁知道她的地址呢？显然是常光顾其门者——在公共人员中，送花人应是首选，因为美女总是与鲜花联系在一起的。

年轻人做事要讲变通，千万不能"在一棵树上吊死"。一招行不通时，就换另一招。只要肯改变思路去寻求变化，就一定能发现新出路。只有懂得变通，才可以灵活运用一切他所知道的事物，还可巧妙地运用他并不了解的事物，在恰当的时间内把应做的事情处理好。

成功在于坚持，失败多因偏执

人的思维是活跃的，所以做事情的时候应该学会变通，放弃毫无意义的固执才是明智之举。尽管坚持是一种良好的做事态度，但有些时候，过度的坚持，就会变成一种盲目的顽固，最后可能导致不必要的损失。

洪水淹没了村落。一位神父在教堂里祷告，眼看洪水已经淹到他跪着的膝盖了。这时，一个救生员驾着小船来到教堂，说道："神父，赶快上来。"

神父说："不！我要守着我的教堂，上帝会来救我的。"过了不久，洪水已经淹过神父的胸口了，神父只好勉强站在祭坛上。这时，一个警察开着快艇过来了："神父，快上来！不然你会被淹死的！"神父说："不！我要守着我的教堂，我的上帝一定会来救我的。"

又过了一会儿，洪水已经把教堂整个淹没了，神父在洪水里挣扎着。一架直升机飞过来，飞行员丢下绳梯大叫："快！快上来！这是最后的机会了。"神父还是固执地说："不！上……上帝会来救我的……"话还没说完，神父就被淹死了。

神父死后见到了上帝，他很生气地质问："上帝啊上帝，我一生那么虔诚地侍奉你，你为什么不肯救我？"

上帝说："我怎么不肯救你？第一次，我派了小船去找你，你不要；第二次，我又派了一艘快艇去救你，你还是不肯上船；最后，我派了一架直升机去救你，结果你还是不肯接受。是你自己太固执了，怎么能怪我呢？"

生活中的许多年轻人，固执地坚持自己的要求、自己的主见，最后却失去了许多的东西。

在人生的每一个关键时刻，审慎地运用智慧，做最正确的判断，选择正确方向，同时别忘了及时检视选择的角度，适时调整，放掉无谓的固执，冷静地用开放的心胸做正确抉择，每次正确无误的抉择将指引你走向通往成功的坦途。

两只青蛙毗邻而居，一只住在深水池内，很难被人发现；另一只住在浅水沟里，因为沟里的水少，旁边还有一条马路，所以很容易被人看到。

住在深水池里的青蛙就劝告它的朋友，说它住的地方太危险了，劝它和自己同住。但那只青蛙拒绝了，它说它已经在浅水沟里住习惯了。

没过几天，一辆车经过那浅水沟，将那只住在浅水沟的青蛙轧死在轮下。

当有人在你人生奋斗的途中，向你提出一些建议的时候，一定要学会理智地分析。一方面不要因他人的错误劝解而放弃自己的目标，另一方面也不要拒绝对方正确的规劝而固执己见。

两个贫苦的樵夫靠着上山拾柴糊口，一天他们在山里发现两大包棉花。二人喜出望外，当下两个人各自背了一包棉花，便欲赶路回家。

走着走着，其中一樵夫眼尖，看到山路上扔着一大捆布，走近细看，竟是上等的细麻布。他欣喜之余，和同伴商量一同放下背负的棉花，改背麻布回家。

他的同伴却有不同的看法，认为自己背着棉花已走了一大段路，到了这里丢下棉花，岂不枉费自己先前的辛苦，坚持不愿换麻布，继续前行。

又走了一段路后，背麻布的樵夫望见林中闪闪发光。待走近一看，地上竟然散落着数坛黄金，心想这下真的发财了。赶忙邀同伴放下肩头的麻布及棉花，改用挑柴的扁担挑黄金。

他同伴仍是那套不愿丢下棉花，以免枉费辛苦的论调，并且怀疑那些黄金不是真的，劝他不要白费力气，免得到头来一场空欢喜。

发现黄金的樵夫只好自己挑了两坛黄金，和挑棉花的伙伴赶路回家。走到山下时，下了一场大雨，背棉花的樵夫背上的大包棉花，吸饱雨水，重得完全无法背动，那樵夫不得已，只能丢下一路辛苦舍不得放弃的棉花，空着手和挑黄金的同伴回家去。

　　生命旅程中有太多的障碍，原因有很多，但由于过度的固执和无知造成的却不在少数。在别人好心的建议之下，一定要经过仔细地分析和思考，去处理所要面临的事情，切不可盲目地固执己见。若是固执、无知，不知变通，最后害的还是自己。

第四章

斩断自己的退路，

　　才能赢得出路

失败的人永远有
无法成功的理由

借口是失败的温床。有些人在遇到困境，或者没有按时完成任务时，总是试图找出一些借口来为自己辩护，安慰自己，总想让自己轻松些、舒服些。在一个公司里，老板要的是勤奋敬业、不折不扣、认真执行任务的员工。如果一个员工经常迟到早退，对工作马马虎虎，还不时找借口说自己很忙，他是不会赢得老板信任和同事尊重的。

在日常生活中，我们经常会听到这样一些借口：上班迟到，会说"路上塞车"；任务完不成，会说"任务量太大"；工作状态不好，会说"心情欠佳"……我们缺少很多东西，唯独不缺的好像就是借口。

殊不知，这些看似不重要的借口却为你埋下了失败的祸根。借口让你获得了暂时的原谅和安慰，可是，久而久之，你却丧失了让自己改进的动力和前进的信心，只能在一个个借口中滑向失败的深渊。

刚毕业的女大学生刘闪，由于学识不错，形象也很好，所以很快被一家大公司录用。

刚开始上班时大家对刘闪印象还不错，但没过几天，她就开始迟到早退。领导几次向她提出警告，她总是找这样或那样的借口来解释。

一天，老总安排她到一所大学送材料，要跑三个地方，结果她仅仅跑了一个就回来了。老总问她怎么回事，她解释说："那所大学好大啊。我在传达室问了几次，才问到一个地方。"

老总生气了："这三个单位都是大学里的著名的单位，你跑了一下午，怎么会只找到这一个单位呢？"

她急着辩解："我真的去找了，不信你去问传达室的人！"

老总更有气了："我去问传达室干什么？你自己没有找到单位，还叫老总去核实，这是什么话？"

其他员工也好心地帮她出主意：你可以打大学的总机问问三个单位的电话，然后分别联系，问好具体怎么走再去；你不是找到其中的一个单位吗？你可以向他们询问其他两家怎么走；你还可以进去之后，问老师和学生……

谁知她一点儿也不领会同事的好心，反而气鼓鼓地说："反正我已经尽力了……"

就在这一瞬间，老总下了辞退她的决心：既然这已经是你尽力之后达到的水平，想必你也不会有更高的水平了。那么只好请你离开公司了！

虽然刘闪的举动让很多人难以理解，但像这种遇到问题不去想办法解决而是找借口推诿的人，在生活中并不少见。而他们的命运也显而易见——凡事找借口的人，在社会上绝对站不稳脚跟。

结果第一，
理由第二

NI BU NULI
MEI REN NENG
GEINI XIANGYAO DE
SHENGHUO

平庸的人之所以平庸，是因为他们总是找出种种理由来欺骗自己。而成功的人，会想尽一切方法来解决困难，而绝不找半点借口让自己退缩。不找任何借口，是每个成功者走向成功的通行证。

任何一个社会似乎都存在两种人：成功者和失败者。根据二八法则，20%的人掌握着社会中80%的财富。什么原因让少数人比多数人更有力量？因为多数人都在找借口。两种人的区别在于：一种是不找借口只找方法的人，另一种是不找方法只找借口的人。而前一种人往往是成功者，后一种人往往是失败者。

须知，成功也是一种态度，整日找借口的人是很难获得成功的。你尽可以悲伤、沮丧、失望、满腹牢骚，尽可以每天为自己的失意找到一千一万个借口，但结果是你自己毫无幸福的感受可言。你需要找到方法走向成功，而不要总把失败归于别人或外在的条件。因为成功的人永远在寻找方法，失败的人永远在寻找借口。一旦找了借口，就不会冥思苦想地去寻找方法了，而不找方法，你就很难走向成功。

在一家名叫凯旋的天线公司，有一天，总裁来到营销部，让员工们针对天线的营销工作各抒己见，畅所欲言。

营销部李部长耷拉着脑袋叹息说："人家的天线三天两头在电视上打广告，我们公司的产品毫无知名度，我看这库存的天线真够呛。"部里的其他人也随声附和。

总裁脸上布满阴霾，扫视了大伙儿一圈后，把目光停留在进公司不久的大刘身上。总裁走到他面前，让他说说对公司营销工作的看法。

大刘直言不讳地对公司的营销工作存在的弊端提出了个人意见。总裁认真地听着，不时嘱咐秘书把要点记下来。

大刘告诉总裁，他的家乡有十几家各类天线生产企业，唯有001天线在全国知名度最高，品牌最响。其余的都是几十人或上百人的小规模天线生产企业，但无一例外都有自己的品牌。有两家小公司甚至把大幅广告做到001集团对面的墙壁上，敢与知名品牌竞争。

总裁静静地听着，挥挥手示意大刘继续讲下去。

大刘接着说："我们公司的天线今不如昔，原因颇多，但总结起来或许是我们的销售策略和市场定位不对。"

这时候，营销部李部长对大刘的这些似乎暗示了他们工作无能的话表示了愠色，并不时向大刘投来警告的一瞥，最后不无讽刺地说："你这是书生意气，只会纸上谈兵，尽讲些大道理。现在全国都在普及有线电视，天线的滞销是大环境造成的。你以为你真能把冰推销给因纽特人？"

李部长的话使营销部所有人的目光都投向大刘，有的还互相窃窃私语。李部长不等大刘"还击"，便不由分说地将了他一军："公司在甘肃那边还有5000套库存，你有本事推销出去，我的位置让你坐。"

大刘朗声说道："现在全国都在搞西部开发建设，我就不信质优价廉的产品连人家小天线厂也不如，偌大的甘肃难道连区区5000套天线也推销不出去？"

几天后，大刘风尘仆仆地赶到了甘肃省兰州市 A 大厦。大厦老总一见面就向他大倒苦水，说他们厂的天线知名度太低，一年多来仅仅卖掉了百来套，还有 4000 多套在各家分店积压着，并建议大刘去其他商场推销看看。

接下来，大刘跑遍了兰州几个规模较大的商场，有的即使是代销也没有回旋余地，因此几天下来毫无建树。

正在沮丧之际，某报上一封读者来信引起了大刘的关注，信上说那儿的一个农场由于地理位置的关系，买的彩电都成了聋子的耳朵——摆设。

看到这则消息，大刘如获至宝，当即带上 10 来套天线样品，几经周折才打听到那个离兰州有100多公里的农场。信是农场场长写的，他告诉大刘，这里夏季雷电较多，以前常有彩电被雷电击毁，不少天线生产厂家也派人来查，都知道问题出在天线上，可查来查去没有眉目，使得这里的几百户人家再也不敢安装天线了。所以几年来这儿的黑白电视只能看见哈哈镜般的人影，而彩电则只是形同虚设。

大刘拆了几套被雷击的天线，发现自己公司的天线与他们的毫无二致，也就是说，他们公司的天线若安装上去，也免不了重蹈覆辙。大刘绞尽脑汁，把在电子学院几年所学的知识在脑海里重温了数遍，加上所携仪器的配合，终于使真相大白，原因是天线放大器的集成电路板上少装了一个感应元件。这种元件一般在任何型号的天线上都是不需要的，它本身对信号放大不起任何作用，厂家在设计时根本就不会考虑雷电多发地区，没有这个元件就等于使天线成了一个引雷装置。它可直接将雷电引向电视机，导致线毁机亡。

找到了问题的症结，一切都迎刃而解了。不久，大刘在天线放大器上全部加装了感应元件，并将这种天线先送给场长试用了半个多月。期间曾经雷电交加，但场长的电视机却安然无恙。此后，仅这个农场就订了500多套天线。同时热心的场长还把大刘的天线推荐给存在同样问题的附近5个农林场，又给他销出2000多套天线。

一石激起千层浪，短短半个月，一些商场的老总主动向大刘要货，连一些偏远县市的商场采购员也闻风而动。原先库存的5000余套天线很快售完。

一个月后，大刘返回公司。而这时公司如同迎接凯旋的英雄一样，为他披红挂彩并夹道欢迎。营销部李部长也已经主动辞职，公司正式任命大刘为新的营销部部长。

在这个故事中，大刘成功了，是因为他没有跟着李部长找借口推脱责任，而是积极地寻找解决问题的方法。反之，李部长失败了，因为他只是一味寻找借口，而不去寻找方法，自然要被找方法而不找借口的大刘取而代之。

许多杰出的人都富有开拓和创新精神，他们绝不在没有努力的情况下就事先找好借口。不找任何借口，是每个成功者走向成功的通行证。

别被"办不到"
禁锢了手脚

度过人生难关的人一定是一个拒绝说"办不到"的人，在面对别人都不愿正视的问题或者困难时，他们勇于说"行"。他们会竭尽全力、想尽一切方法将问题解决，等待他们的也将是努力后的成果、付出后的收获。

实际生活中，许多人的困境都是自己造成的。如果你勤奋、肯干、刻苦，就能像蜜蜂一样，采的花越多，酿的蜜也越多，你享受到的甜美也越多。如果你以"办不到"来搪塞，不知进取，不肯付出半点辛劳，遇到一点困难就退缩，那么你就永远也品尝不到成功的喜悦。

失败者的借口通常是"我能力有限，我办不到"。他们将失败的理由归结为不被人垂青，好职位总是让他人捷足先登。那些意志坚强的人则绝不会找这样的借口，他们不等待机会，也不向亲友们哀求，而是靠自己的勤奋努力去创造机会。他们深知唯有自己才能拯救自己，他们拒绝说"办不到"。

文杰在一家大型建筑公司任设计师，常常要跑工地，看现场，还要为不同的客户修改工程细节，异常辛苦。但她仍主动地做，毫无怨言。

虽然她是设计部唯一的女性，但她从不因此逃避重体力的工作。该爬楼梯就爬楼梯，该到野外就勇往直前，该去地下车库也是二话不说。她从不感到委屈，反而挺自豪，她经常说："我的字典里没有'办不到'这3个字。"

有一次，老板安排她为一名客户做一个可行性的设计方案，时间只有3天，这是一件很难做好的事情。接到任务后，文杰看完现场，就开始工作了。3天时间里，她都在一种异常兴奋的状态下度过。她食不知味，寝不安枕，满脑子都想着如何把这个方案弄好。她到处查资料，虚心向别人请教。

3天后，她虽然眼里布满了血丝，但还是准时把设计方案交给了老板，得到了老板的肯定。

后来，老板告诉她："我知道给你的时间很紧，但我们必须尽快把设计方案做出来。如果当初你不主动去完成这个工作，我可能会把你辞掉。你表现得非常出色，我最欣赏你这种工作认真、积极的人。"

因做事积极主动、工作认真，文杰已经成为公司的红人。老板不但提升了她，还将她的薪水翻了3倍。把"办不到"这3个字常常挂在嘴边，其实是在处处为自己寻找借口。事实上，世上之事，不怕办不到，只怕拿借口来取代方法。

这个故事告诉我们，自己的命运掌握在自己手中。只要你勤奋、肯干，积极寻找问题的答案，而非一味地给自己找借口、推脱责任，你就会品尝到成果所带来的喜悦感。

很多人遇到困难不知道去努力解决，而只是找借口推卸责任，这样的人很难成为优秀的人。许多成功者，他们都有一个共同的特点——勤奋。在这个世界上，勤奋的人面对问题善于主动找方法。勤奋的人拒绝找借口说"办不到"，勤奋的人最易走向成功。

横跨曼哈顿和布鲁克林之间河流的布鲁克林大桥是个地地道道的机械工程奇迹。1883年，富有创造精神的工程师约翰·罗布林雄心勃勃地意欲着手这座雄伟大桥的设计，然而桥梁专家们却劝他趁早放弃这个"天方夜谭"般的计划。罗布林的儿子，华盛顿·罗布林，一个很有前途的工程师，确信大桥可以建成。父子俩构思建桥的方案，琢磨如何克服种种困难和障碍。他们设法说服银行家投资该项目，之后，他们怀着不可遏止的激情和无比旺盛的精力组织工程队，开始建造他们梦想中的大桥。然而在大桥开工仅几个月后，施工现场就发生了灾难性的事故。约翰·罗布林在事故中不幸身亡，华盛顿的大脑严重受伤，无法讲话，也不能走路了。谁都以为这项工程会因此而泡汤，因为只有罗布林父子才知道如何把这座大桥建成。然而，尽管华盛顿·罗布林丧失了活动和说话的能力，但他的思维还同以往一样敏捷。一天，他躺在病床上，忽然想出一种和别人进行交流的方式。他唯一能动的是一根手指，于是他就用那根手指敲击他妻子的手臂，通过这种密码方式，由妻子把他的设计和意图转达给仍在建桥的工程师们。整整13年，华盛顿就这样用一根手指发号施令，直到雄伟壮观的布鲁克林大桥最终建成。

"办不到"是许多人最容易寻找的借口，它体现出了一个人所具有的自卑感和怯懦性，缺乏自信的人能否做出出色的事情呢？答案恐怕只有一个："只要有借口存在，他永远不可能出色。"只有拒绝说"办不到"，才会显出与别人不同的工作精神和态度，从而成就出色的事业。

少向外界要条件，多向自己找智慧

拒绝"可是"，拒绝借口，你才能找到解决问题的切入点，才能真正认识到自己的能力，而后准确地给自己定位。因为任何"可是"、任何借口，其实都是懒人的托词，它只会慢慢地把你

推向失败的旋涡，让你处于一种疲惫且不思进取的状态。只有扔掉"可是"这个借口，你才能发掘出自己的潜能，闯出属于自己的一片天地。

"我本来可以，可是……"

"我也不想这样，可是……"

"是我做的，可是这不全是我的错……"

"我本来以为……可是……"

行事不顺时，我们都喜欢以"可是"这个借口来推脱责任，却很少有敢于承担后果的勇气，很少去思考解决问题的方法。就这样不断地求助于"可是"，不断地寻找各种各样的借口，糟糕的事情不断发生，生活也就不断地出现恶性循环。须知，唯有扔掉"可是"这个借口，你才能跨出心灵的囚笼，取得意想不到的辉煌成果。

对于很多善于找借口的人来说，从一件事情上入手来尝试丢掉借口，抓紧时间，集中精力去做好手边的事，结果也许会大不相同。

美国著名教育家、人际关系专家戴尔·卡耐基的夫人桃乐西·卡耐基女士，在她训练学生记人名的一节课后，一位女学生跑来找她，这位女学生说："卡耐基太太，我希望你不要指望你能改进我对人名的记忆力，这是绝对办不到的事。"

"为什么办不到呢？"卡耐基夫人吃惊地问道，"我相信你的记忆力会相当棒！"

"可是这是遗传的呀，"女学生回答她，"我们一家人的记忆力全都不好，我爸爸、我妈妈将它遗传给我。因此，你要知道，我这方面不可能有什么出色的表现。"

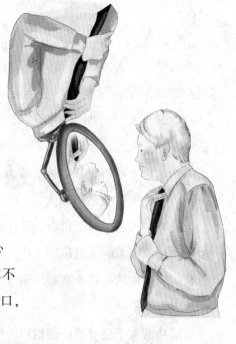

卡耐基夫人说："小姐，你的问题不是遗传，是懒惰。你觉得责怪你的家人比用心改进自己的记忆力容易。你不要把这个'可是'当作你的借口，请坐下来，我证明给你看。"

随后的一段时间里，卡耐基夫人专门耐心地训练这位小姐做简单的记忆练习，由于她专心练习，学习的效果很好。卡耐基夫人最终打消了这位小姐认为自己无法将记忆力训练得优于父母的想法。她因此学会了从自己本身找缺点，学会了自己改造自己，而不是找借口。

"可是"是人们回避困难、敷衍塞责的"挡箭牌"，是不肯自我负责的表现，是一种缺乏自尊的生活态度的反映。怎样才能不再找借口，并不是学会说"报告，没有借口"就足够了，而是要按照生活的真实法则去生活，重新寻回你与生俱来但又在成长过程中失去的自尊和责任感。

你改变不了天气，请不要说"可是"，因为你可以调整自己的着装；你改变不了风向，请不要说"可是"，因为你可以调整你的风帆；你改变不了他人，请不要说"可是"，因为你可以改变你自己。所以，面对困难，你可以调整内在的态度和信念，通过积极的行动，消除一切想要寻找借口的想法和心理，成为一个勇于承担责任的人，成为一个不抱怨、不推脱、不"可是"、不为失败找借口的人。

扔掉"可是"这个借口，让你没有退路，没有选择，让你的心灵时刻承载着巨大的压力去拼搏、去奋斗，置之死地而后生。只有这样，你的潜能才会最大限度地发挥出来，成功也会在不远的地方向你招手！

成功的人不会寻找任何借口，他们会坚毅地完成每一项简单或复杂的任务。一个追求成功的人应该确立目标，然后不顾一切地去追求目标，最终达到目标，取得成功。

没有解决不了的问题，
只有不愿解决问题的人

NI BU NULI
MEI REN NENG
GEINI XIANGYAO DE
SHENGHUO

再妙的借口对于事情本身也没有用处。许多人之所以屡遭失败，就是因为一直在寻找麻醉自己的借口。

没有任何借口，没有任何抱怨，职责就是他一切行动的准则。

不找任何借口看似冷漠，缺乏人情味，但它可以激发一个人最大的潜能。无论你是谁，在人生中，无须找任何借口，失败了也好，做错了也罢，再妙的借口对于事情本身也没有用。

不寻找借口，就是永不放弃；不寻找借口，就是锐意进取……要成功，就要保持一颗积极、绝不轻易放弃的心，尽量发掘出周围人或事物最好的一面，从中寻求正面的看法，让自己能有向前走的力量。即使最终失败了，也能汲取教训，把失败视为向目标前进的踏脚石，而不要让借口成为我们成功路上的绊脚石！所以，千万不要找借口！把寻找借口的时间和精力用到努力工作中，成功属于那些不寻找借口的人！

对于企业来说，这更应该是始终坚守的理念。企业需要没有借口的员工，而有些人把宝贵的时间和精力放在了如何寻找一个合适借口上，而忘记了自己的责任。这样的人，在企业里不会成为称职的员工，在社会上不是大家可信赖和尊重的人。这样的人，注定只能是一事无成的失败者。

当自己犯下错误，甚至自己毫无过错，而上司、同事、家人、朋友、客户却有抱怨的时候，不需要去争辩，应当用心去倾听，认真去反思为什么会出现这样的情况，反求诸己，有则改之，无则加勉。

一旦养成了找借口的习惯，你的工作就会没有效率。抛弃找借口的习惯，你就不会为工作中出现的问题而沮丧，甚至你可以在工作中学会大量的解决问题的技巧，这样，借口就会离你越来越远，而成功离你越来越近。

借口，是拖延的温床。不找借口，就意味着拒绝拖延，今天的事今天做。

少找借口后退，
多找方法前进

NI BU NULI
MEI REN NENG
GEINI XIANGYAO DE
SHENGHUO

美国人常常讥笑那些随便找借口的人说："狗吃了你的作业。"借口是拖延的温床，习惯找借口的人总会找出一些借口来安慰自己，总想让自己轻松一些、舒服一些。这样的人，不可能成为称职的员工，要知道，老板安排你这个职位，是为了解决问题，而不是听你关于困难的分析。不论是失败了，还是做错了，再好的借口对于事情本身也是没有丝毫用处的。

许多人都可能会有这样的经历，清晨闹钟将你从睡梦中惊醒，你虽然知道该起床了，可就是躺在温暖的被窝里面不想起来——结果上班迟到，你会对上司说你的闹钟坏了。

又一次，你上班迟到，明明是你躺在被窝里面不起来，却说路上塞车。

糊弄工作的人是制造借口的专家，他们总能以种种借口来为自己开脱，只要能找借口，就毫不犹豫地去找。这种借口带来的唯一"好处"，就是让你不断地为自己去寻找借口，长此以往，你可能就会形成一种寻找借口的习惯，任由借口牵着你的鼻子走。这种习惯具有很大的破坏性，它使人丧失进取心，让自己松懈、退缩甚至放弃。在这种习惯的作用下，即使是自己做了不好的事，你也会认为是理所当然的。

一旦养成找借口的习惯，你的工作就会拖拖拉拉，没有效率，做起事来就往往不诚实。这样的人不可能是好员工，他们也不可能有完美的人生。

罗斯是公司里的一位老员工了，以前专门负责跑业务，深得上司的器重。只是有一次，他把公司的一笔业务"丢"了，造成了一定的损失。事后，他很合情合理地解释了失去这笔业务的原因。那是因为他的脚伤发作，比竞争对手迟到半个钟头。以后，每当公司要他出去联系有点棘手的业务时，他总是以他的脚不行，不能胜任这项工作为借口而推诿。

罗斯的一只脚有点轻微的跛，那是一次出差途中出了车祸引起的，留下了一点后遗症，根本不影响他的形象，也不影响他的工作，如果不仔细看，是看不出来的。

第一次，上司比较理解他，原谅了他。罗斯很得意，他知道这是一宗比较难办的业务，他庆幸自己的明智，如果没办好，那多丢面子啊。

但如果有比较好揽的业务时，他又跑到上司面前，说脚不行，要求在业务方面有所照顾，比如就易避难，趋近避远，如此种种，他大部分的时间和精力都花在如何寻找更合理的借口上。碰到难办的业务能推的就推，好办的差事能争就争。时间一长，他的业务成绩直线下滑，没有完成任务他就怪他的腿不争气。总之，他现在已习惯因脚的问题在公司里迟到、早退，甚至工作餐时，他还喝酒，因为喝点酒可以让他的脚舒服些。

现在的老板，有谁愿意要这样一个时时刻刻找借口的员工呢？罗斯被炒也是情理之中的事。善于找借口的员工往往就像罗斯一样，因为糊弄自己的工作而"糊弄"了自己。

因此，要成功就不要找借口。不要害怕前进路上的种种困难，不要为自己的懈怠寻找种种托词，也不要为自己的失败解释种种原因，抛开借口，勇往直前，你就能激发出巨大潜能，从而在前进的路上，披荆斩棘，直抵成功。否则，你会因慢慢习惯于为自己的过失寻找借口而能力下降。

没有笨死的牛，
只有愚死的汉

NI BU NULI
MEI REN NENG
GEINI XIANGYAO DE
SHENGHUO

俗话说："山不转，路转；路不转，人转。"的确，天无绝人之路，遇到问题时，只要肯找方法，上天总会给有心人一个解决问题、取得成功的机会。

人们都渴望成功，那么，成功有没有秘诀？其实，成功的一个很重要的秘诀就是寻找解决问题的方法。俗话说："没有笨死的牛，只有愚死的汉。"任何成功者都不是天生的，只要你积极地开动脑筋，寻找方法，终会"守得云开见月明"。

世间没有死胡同，就看你如何寻找方法，寻找出路。且看下面故事中的林松是如何打破人们心中"愚"的瓶颈，从而成功找到出路的。

有一年，经济萧条，不少工厂和商店纷纷倒闭，商人们被迫贱价抛售自己堆积如山的存货，价钱低到1元钱可以买到10条毛巾。

那时，林松还是一家纺织厂的小技师。他马上用自己积蓄的钱收购低价货物，人们见到他这样做，都嘲笑他是个蠢材。

林松对别人的嘲笑一笑置之，依旧收购抛售的货物，并租了很大的货仓来贮存。

母亲劝他不要购入这些别人廉价抛售的东西，因为他们历年积

蓄下来的钱数量有限，而且是准备给林松办婚事用的。如果此举血本无归，那么后果便不堪设想。

林松安慰她说：3个月以后，我们就可以靠这些廉价货物发大财了。

林松的话似乎兑现不了。

过了10多天后，那些商人即使降价抛售也找不到买主了，他们便把所有存货用车运走烧掉。

他母亲看到别人已经在焚烧货物，不由得焦急万分，便抱怨起林松。对于母亲的抱怨，林松一言不发。

终于，政府采取了紧急行动，稳定了本地的物价，并且大力支持那里的经济复苏。

这时，该地因焚烧的货物过多，商品紧缺，物价一天天飞涨。林松马上把自己库存的大量货物抛售出去，一来赚了一大笔钱，二来使市场物价得以稳定，不致暴涨不断。

在他决定抛售货物时，他母亲又劝告他暂时不忙把货物出售，因为物价还在一天一天飞涨。

他平静地说："是抛售的时候了，再拖延一段时间，就会后悔莫及。"

果然，林松的存货刚刚售完，物价便跌了下来。

后来，林松用这笔赚来的钱，开设了5家百货商店，商店的生意十分兴隆。

面对问题，成功者总是比别人多想一点。

老王是当地颇有名气的水果大王，尤其是他的高原苹果色泽红润、味道甜美，供不应求。有一年，一场突如其来的冰雹把将要采摘的苹果砸开了许多裂口，这无疑是一场毁灭性的灾难。然而面对这样的问题，老王没有坐以待毙，而是积极地寻找解决这一问题的方法。不久，他便打出了这样的一则广告。

　　广告上这样写道："亲爱的顾客，你们注意到了吗？在我们的脸上有一道道伤疤，这是上天馈赠给我们高原苹果的吻痕——高原常有冰雹，只有高原苹果才有美丽的吻痕。味美香甜是我们独特的风味，那么请记住我们的正宗商标——伤疤！"

　　从苹果的角度出发，让苹果说话，这则妙不可言的广告再一次使老王的苹果供不应求。

　　世上无难事，只怕有心人。面对问题，如果你只是沮丧地待在屋子里，便会有禁锢的感觉，自然找不到解决问题的正确方法。如果将你的心锁打开，开动脑筋，勇敢地走出自己固定思维模式的枷锁，你将收获很多。

只为成功找方法，
不为问题找借口

NI BU NULI
MEI REN NENG
GEINI XIANGYAO DE
SHENGHUO

　　制造托词来解释失败，这已是普遍性的问题。这种习惯与人类的历史一样古老，这是成功的致命伤！制造借口是人类本能的习惯，这种习惯是难以打破的。柏拉图说过："征服自己是最大的胜利，被自己征服是最大的耻辱和邪恶。"

顾凯在担任某缝纫机有限公司销售经理期间，曾面临一种极为尴尬的情况：该公司的财务发生了困难。这件事被负责推销的销售人员知道了，他们因此失去了工作的热忱，销售量开始下滑。到后来，情况更为严重，销售部门不得不召集全体销售员开一次大会。全国各地的销售员皆被召回来参加这次会议，顾凯主持了这次会议。

首先，他请手下最佳的几位销售员站起来，要他们说明销售量为何会下滑。这些被叫到名字的销售员一一站起来以后，每个人都有冠冕堂皇的理由：商业不景气、资金短缺、物价上涨等。

当第5个销售员开始列举使他无法完成销售配额的种种困难时，顾凯突然跳到一张桌子上，高举双手，要求大家肃静。然后，他说道："现在，我命令大会暂停10分钟，让我把我的皮鞋擦亮。"

然后，他命令坐在附近的一名小工友把他的擦鞋工具箱拿来，并要求这名工友把他的皮鞋擦亮，而他就站在桌子上不动。

在场的销售员都惊呆了，都以为顾凯疯了，人们开始窃窃私语。这时，只见那位小工友先擦亮他的第一只鞋子，然后又擦另一只鞋子，他不慌不忙地擦着，表现出第一流的擦鞋技巧。

皮鞋擦亮之后，顾凯给了小工友1元钱，然后发表他的演说。

他说："我希望你们每个人，好好看看这个小工友。他的前任的年纪比他大得多，尽管公司每周补贴他200元的薪水，而且工厂里有数千名员工，但他仍然无法从这个公司赚取足以维持他生活的费用。可是这位小工友不仅不需要公司补贴薪水，还可以赚到相当不错的收入。现在我问你们一个问题，那个前任拉不到更多的生意，是谁的错？是他的错，还是顾客的？"

那些推销员不约而同地大声说："当然了，是那个前任的错。"

"正是如此，"顾凯回答说，"现在我要告诉你们，你们现在推销缝纫机和一年前的情况完全相同：同样的地区、同样的对象以及同样的商业条件。但是，你们的销售成绩却比不上一年前。这是谁的错？是你们的错，还是顾客的错？"

同样又传来如雷般的回答："当然，是我们的错。"

"我很高兴，你们能坦率地承认自己的错误，"顾凯继续说，"只要你们回到自己的销售地区，并保证在以后30天内，每人卖出5台缝纫机，那么，本公司就不会再发生任何财务危机。你们愿意这样做吗？"

大家都说"愿意"，后来果然也办到了。

卓越的人必定是重视找方法的人。他们相信凡事必有方法去解决，而且能够解决得更完美。事实也一再证明，看似极其困难的事情，只要用心寻找方法，必定会成功。真正杰出的人只为成功找方法，不为问题找借口，因为他们懂得，寻找借口，只会使问题变得更棘手、更难以解决。

不怕口袋空，
就怕脑袋空

NI BU NULI
MEI REN NENG
GEINI XIANGYAO DE
SHENGHUO

面对困难，一个人解决问题的能力就会突显出来。他可能并不缺少工作的热情，也绝对的敬业，但工作成效却不尽如人意，面对问题也往往束手无策。

在工作和生活中，有些人在面对问题时，不去积极地开动脑筋，主动寻求解决的方法，而是一味地抱怨，或找出种种自以为冠冕堂皇的理由来推脱，所以很难成就什么大事。在此，我们将这些人具体分为以下六类，以示警醒。

第一种人：爱找借口的人

生活中，不知有多少人抱怨自己缺乏机会，并努力为自己的失败寻找借口。为什么他们总是如此煞费苦心地找寻借口，却无法将工作做好呢？如果每个人都善于寻找借口，那么努力尝试用找借口的创造力来找出解决困难的办法，也许情形会大不相同。如果你存心拖延、逃避，你自己就会找出成千上万个理由来辩解为什么不能够把事情完成。事实上，把事情"太困难、太无头绪、太麻烦、太花费时间"等种种理由合理化，确实要比相信"只要我们足够努力、勤奋，就能做成任何事"的信念要容易得多。但如果我们经常为自己找借口，我们就做不成任何事，这对我们以后的职业生涯也是极为不利的。

如果你常常发现，自己会为没做或没完成的某些事而制造借口，或想出成百上千个理由为事情未能照计划实施而辩解，那么，你不妨还是多做自我批评，多多地自我反省吧！

第二种人：凡事拖延的人

拖延是解决问题的最大敌人，它不仅会影响工作的执行，更会带来个人精力的极大浪费。

拖延并不能使问题消失，也不能使解决问题变得容易起来，相反只会使问题深化，给工作造成严重的危害。

社会学家库尔特·卢因曾经提出一个概念，叫作"力场分析法"。他描述了两种力量：阻力和动力。他说，有些人一生都踩着刹车前进，比如被拖延、害怕和消极的想法捆住手脚；有的人则是一路踩着油门呼啸前进，比如始终保持积极、合理和自信的心态。这一分析同样适用于工作。如果你希望在职场中生存和发展，你得把脚从刹车踏板（拖延）上挪开。

第三种人：投机取巧的人

荣誉的必经之路是勤奋，投机取巧，试图绕过勤奋就获得荣誉的人，总是被荣誉拒之门外。

许多生活中的实例证明，不管面临什么样的问题，如果总想投机取巧，表面上看，也许会节省一些时间或精力，但最终往往会导致更大的浪费。而且，投机取巧会使我们的能力日渐消退。只有努力寻找方法，将工作做到完美，我们才会收获更多。

第四种人：浅尝辄止的人

在自然界，每一个物种都在发展和加强自己的新特征，以求适应环境，获得生存空间。生命的演化如此，生活和事业的发展也是如此。社会对个人的知识和经验不断提出了更高的要求，泛泛地了解一些知识和经验，是远远不够的。企图掌握好几十种职业技能，还不如精通其中一两种。什么事情都知道些皮毛，还不如在某一方面懂得更多，理解得更透彻。

有一位发明家，他尝试着发明一种新型的榨汁机，但是经受多次挫折后，他丧失了耐心，在离成功只有一步之遥时，他放弃了努力。他将长时间积累的经验和资源都舍弃了，自然也就无法形成自己的核心能力。

许多"离成功只有一步之遥"的人，恰恰因为缺乏最后跨入成功门槛的勇气而功败垂成，这是他们为浅尝辄止所付出的沉重代价。

第五种人：消极怠慢的人

王峰毕业后在一家服装公司从事销售工作，虽然这与他当初的理想和目标相距甚远，但他没有消极悲观，他满怀热情并全心全意地投入自己的工作中。他把热情与活力带到了公司，传递给了客户，使每一个和他接触的人都能感受到他的活力。正因为如此，尽管他才工作了一年，就被破格提升为销售部主管。

同样很年轻的李远，也在短期内被提升为公司的管理人员。有人问到他成功的秘诀时，他答道："在试用期内，我希望能够有更多的时间学习一些业务上的东西，就留在办公室里，同时给老板提供一些帮助。长时间下来，我和老板配合得很好，他也渐渐习惯要我负责一些事……"

许多人并不像王峰和李远，他们常常以一种怠惰而被动的态度来对待自己的工作，在遇到问题时也不急于寻求解决之道。其实他们不是没有自己的理想，但很容易一遇困难就放弃，他们缺少一种精神支柱，缺少克服困难、解决问题的主动性。

一个人在工作时所表现出来的精神面貌，不仅会对工作效率和工作质量有影响，而且对他品格的形成也有很大影响。其实，我们在各行各业都有施展才华和升职的机会，关键要看你是不是以积极主动的态度来对待你的工作，以积极主动的态度来寻找解决问题的方法。

第六种人：畏惧问题的人

获得成功需要克服各种困难，解决各种问题。

好比赤手空拳去建立自己的王国，你要招揽人才、建立军队、开辟领地、确立制度、发展经济、治理国民，每一项工作都存在着许多困难和问题，需要你去克服和解决。

不管你的王国属于哪种行业，情形都是一样。当然，王国的规模愈大，问题就愈多、愈复杂。

在关键的地方无法解决问题，便会招致失败。即使这个问题解决了，又会有新问题出现。总之，在你面前，经常潜伏着失败的阴影。

胆怯的人，一想到要面对重重困难，想到失败的可怕，便会停下脚步，不敢往前走。结果，未起步的，永远停在原地；已起步的，就半途而废。

问题的存在，是为了让你
找到更好的答案

是真的没办法吗？还是我们根本没有好好动脑筋想新方法？事实上，只要我们用一种大的视野、一种综观全局的胸怀来看待问题，用一种灵动多变的思考方式、一种随机应变的智慧去分析判断问题，就不会找不到解决问题的方法。

"实在是没办法！"

"一点儿办法也没有！"

这样的话，你是否熟悉？你的身边是否经常有这样的声音？

当你向别人提出某种要求时，得到这样的回答，你是不是觉得很失望？

当你的上级给你下达某个任务，或者你的同事、顾客向你提出某个要求时，你是否也会这样回答？

当你这样回答时，你是否能够体会到别人对你的失望？一句"没办法"，我们似乎为自己找到了可以不做的理由。是真的没办法吗？只有暂时没有找到解决困难的办法，而没有解决不了的困难。一句"没办法"，浇灭了很多创造的火花，阻碍了我们前进的步伐！是真的没办法吗？还是我们根本没有好好动脑筋想办法？发动机只有发动起来才会产生动力，同样，想办法才会有办法！下面的故事就给我们以启迪。

一家位于商业闹市区、开业近 2 年的美容店，吸引了附近一大批稳定的客户。每天店内生意不断，美容师难得休息，加上店老板经营有方，每月收入颇丰，利润可观。但由于经营场所限制，始终无法扩大经营，该店老板很想增开一家分店，可此店开业不长，资金有限，还不够另开一间分店。

店老板苦思冥想，如何筹集到开分店的启动资金呢？他突然想到，平时不是有不少熟客都要求美容店打折优惠吗？自己都是很爽快地打了 9 折优惠。他灵机一动，推出 10 次卡和 20 次卡：一次性预收客户 10 次美容的钱，对客户给予 8 折优惠；一次性预收客户 20 次的钱，给予 7 折优惠。对于客户来讲，如果不购买美容卡，一次美容要 40 元；如果购买 10 次卡（一次性支付 320 元，即 10 次 ×40 元 / 次 ×0.8=320 元），平均每次只要 32 元，10 次美容可以省下 80 元；如果购买 20 次卡（一次性支付 560 元，即 20 次 ×40 元 / 次 ×0.7=560 元），平均每次美容只要 28 元，20 次美容可以省下 240 元。

通过这种优惠让利活动，吸引了许多新、老客户购买美容卡，结果大获成功。两个月内，该店共收到美容预付款达 7 万元，解决了开办分店的资金问题，同时也拥有了一批固定的客源。

就是用这种办法，店老板先后开办了 5 家美容分店。

有一位智者说，这个世界上有两种人：

一种人是看见了问题，然后界定和描述这个问题，并且抱怨这个问题，结果自己也成为这个问题的一部分。

另一种人是观察问题，并立刻开始寻找解决问题的办法，结果在解决问题的过程中自己的能力得到了锻炼，品位得到了提升。

你愿意成为问题的一部分，还是成为解决问题的人？这个选择决定了你是一个推动公司发展的关键员工，还是一个拖公司后腿的问题员工。

在一次企业管理培训课上，蛋糕店的老板陈先生和大家一起分享了他的创业经验。他深有感触地说："我很幸运，拥有一位善于找方法解决问题的员工。那次如果没有她，我的店很可能早就关门了。"

陈老板开了一家蛋糕店。这个行业竞争本来就十分激烈，加上陈老板当初在选择店址上有些小小的失误，开在了一个比较偏僻的胡同里。因此，自从蛋糕店开张后，生意一直不好，不到半年，就支撑不下去了。面对收支严重失衡的状况，陈老板无奈地想结束生意。这时，店里负责卖糕点的一个女员工给他提了一个建议。

原来，这个员工在卖蛋糕的时候曾经碰到过一个女客人想给男朋友买一个生日蛋糕。当这个员工问她想在蛋糕上写些什么字的时候，女客人嗫嚅了半天才不好意思地说："我想写上'亲爱的，我爱你'。"

员工一下子明白了女客人的心思，原来她想写一些很亲热的话，又不好意思让旁人知道。有这种想法的客人肯定不止一人。现在，各个蛋糕店的祝福词都是千篇一律的"生日快乐""幸福平安"之类，为何不尝试用点特别的祝福语？

于是，这个员工送走女客人后，就向陈老板建议："我们店里糕点师用来在蛋糕上写字的专用工具，可不可以多进一些呢？只要顾客来买蛋糕，就赠送一支，这样客人就可以自己在蛋糕上写一些祝福语，即使是隐私的话也不怕被人看到了。"

一开始，陈老板并没有将这个创意太当回事，只是抱着尝试的心理同意了，并做了一些简单的宣传。没想到，在接下来的一个星期中，顾客比平时增加了 2 倍，每个客人都是冲着那支可以在蛋糕上写字的笔来的。

陈老板说："从那以后，我的生意简直可以用奇迹来形容。我本来都做好关门的心理准备了，没想到我的店员帮了我大忙。现在，她成了我的左膀右臂，好主意层出不穷，我都觉得我离不开她了。"

西方流传着一句十分有名的谚语，叫作：Use your head——请动动脑筋。许多成功者一生都在遵循着这句话，解决了很多被认为是根本解决不了的问题。在现代社会，每个人都在想尽一切办法来解决生活中的一切问题，而且，最终的强者也将是善于寻找方法的那部分人。

第五章

把能做的做到极致，
剩下的老天会帮你

不安于现状，
才能在未来改变自己

NI BU NULI
MEI REN NENG
GEINI XIANGYAO DE
SHENGHUO

价值是一个变数。今天，你可能是一个价值很高的人，但如果你故步自封，满足现状，那么明天，你就会贬值，就会被一个又一个智者和勇敢者超越。今天，你可能做着看似卑微的工作，人们对你不屑一顾；而明天，你可能通过知识的不断丰富和能力的不断提高，以及修养的日益升华，让世人刮目相看。

李洋曾经在一家合资企业担任首席财务官。在成为首席财务官之前，他工作非常努力，并取得了出色的成绩。老板非常赏识他，第一年就把他提拔为财务部经理，第二年又提拔他为首席财务官。

当上首席财务官以后，拿着高薪，开着公司配备的专车，住着公司购买的豪宅，李洋的生活品质得到了很大的提升。然而，他的工作热情却一落千丈，他把更多的精力放在了享乐上面。

当朋友问他还有什么追求时，他说："我应该满足了，在这家公司里，我已经到达自己能够到达的顶点了。"李洋认为公司的CEO（首席执行官）是董事长的侄子，自己做CEO是不可能的，能够做到首席财务官就到达顶点了。

他在首席财务官的位置上坐了差不多一年的时间，却没有干出值得一提的业绩。朋友善意地提醒他："应该上进一点了，没有业绩是危险的。"

没想到，李洋竟然说："我是公司的功臣，而且这家公司离不了我李洋，老板不会把我怎么样的！"他甚至在心里对自己说，"高薪永远属于我，车子永远属于我，房子永远属于我，没有人可以夺去，因为没有人可以替代我。"

的确，公司很多工作都离不开李洋。然而，他的糟糕表现，还是让老板动了换人的念头。终于，在一个清晨，李洋开着车，和往日一样来到公司，优越感十足地迈着方步踱进办公室里，第一眼看到的却是一份辞退通知书。

他被辞退了，高薪没了，车子不得不还给公司。而且，他还从舒适的房子里搬了出来，不得不去租一间小得可怜、上厕所都不方便的小套间。

李洋以为自己不可替代，事实上，"沉舟侧畔千帆过，病树前头万木春"。就在他被辞退的当天，公司就招聘了一位首席财务官。

"功臣"依然失业了。李洋不思进取而失去优越的"现状"，是不值得同情的。这个故事告诉我们，安于现状的人最终会被淘汰。无论是什么职位，如果你安于现状、不思进取的话，都逃脱不了职位被人抢走或者"铁饭碗、金饭碗"被打破的可能。

事实上，在很多企业里，"功臣"都因为安于现状而失败。这些"功臣"们在失败到来时，常常埋怨老板"不念旧情、忘记过去"，却没有想过，自己虽然昨天是"功臣"，可今天已经成了浪费企业资源的人了。

要避免类似于李洋那样的遭遇，有两点是必须记住的：

第一，努力奋斗，不断改变自己的"现状"。

第二，过去的成绩只能属于过去。不管你是如何功勋卓著，在你不能为企业创造新价值的时候，你就是一文不值的。老板不可能因为你昨天干得好，就把你一直养下去。

只有不断超越平庸，永远不安于现状，你才能在职场上永远处于不败之地。

不安于现状，是优秀经理人的基本素质，也是优秀员工的立身之本。任何企业所需要的，都是不断创新的人。那种必须推着才肯前进的人，肯定会被社会所淘汰。

相信自己，
别人才能相信你

有一位顶尖的杂技高手，一次，他参加了一个极具挑战的演出，这次演出是在两座山之间的悬崖上架一根钢丝，他的表演是从钢丝的这边走到另一边。杂技高手走到悬在山上钢丝的一头，

然后注视着前方的目标，并伸开双臂，慢慢地挪动着步子，终于顺利地走了过去。这时，所有人响起了热烈的掌声和欢呼声。

"我要再表演一次，这次我要绑住我的双手走到另一边，你们相信我可以做到吗？"杂技高手对所有的人说。我们知道走钢丝靠的是双手的平衡，而他竟然要把双手绑上。但是，因为大家都想知道结果，所以都说："我们相信你，你是最棒的！"杂技高手真的用绳子绑住了双手，然后用同样的方式一步、两步……终于又走了过去。"太棒了，太不可思议了！"所有的人都报以热烈的掌声。但没想到的是杂技高手又对所有的人说："我再表演一次，这次我同样绑住双手然后把眼睛蒙上，你们相信我可以走过去吗？"所有的人都说："我们相信你！你是最棒的！你一定可以做到！"

杂技高手从身上拿出一块黑布蒙住了眼睛，用脚慢慢地摸索到钢丝，然后一步一步地往前走，所有的人都屏住呼吸，为他捏一把汗。终于，他走过去了！表演好像还没有结束，只见杂技高手从人群中找到一个孩子，然后对所有的人说："这是我的儿子，我要把他放到我的肩膀上，我同样还是绑住双手、蒙住眼睛走到钢丝的另一边，你们相信我吗？"所有的人都说："我们相信你！你是最棒的！你一定可以走过去的！"

"真的相信我吗？"杂技高手问道。

"相信你！真的相信你！"所有人都这样说。

"我再问一次，你们真的相信我吗？"

"相信！绝对相信你！你是最棒的！"所有的人都大声回答。

当然，故事中的杂技高手最终不知是否做到带上儿子一起表演，但他必定有强烈的自信心，才能练就一身技艺，完成一场又一场表演，赢得别人的信任和赞美。

小事全力以赴，成功水到渠成

古人云："不积小流无以成江海，不积跬步无以至千里。"说的就是要想成大事必须从细节做起的道理。在工作中，关注细节，反映的是一种忠于职业、尽职尽责、一丝不苟、善始善终的职业道德和精神，其中也糅合了一种使命感和道德责任感。把每一件小事、每一个细节做到完美，这样，我们才能在工作中铸就自己的辉煌。

俗语说"一滴水可以折射整个太阳"，许多"大事"都是由微不足道的"小事"组成的。日常工作中同样如此，看似烦琐，不足挂齿的事情比比皆是。如果你对工作中的这些小事轻视怠慢，敷衍了事，到最后就会因"一着不慎"而失掉整盘棋。

所以，每个员工在处理细节时，都应当引起

重视。

　　要想把每一件事情做到无懈可击，就必须从小事做起，付出你的热情和努力。士兵每天做的工作就是队列训练、战术操练、巡逻排查、擦拭枪械等小事；饭店服务员每天的工作就是对顾客微笑、回答顾客的提问、整理清扫房间、细心服务等小事；公司中你每天所做的事可能就是接听电话、整理文件、绘制图表之类的细节。但是，我们如果能很好地完成这些小事，没准儿将来你就可能是军队中的将领、饭店的总经理、公司的老总。反之，你如果对此感到乏味、厌倦不已，始终提不起精神，或者因此敷衍了事，勉强应对工作，将一切都推到"英雄无用武之地"的借口上，那么你现在的位置也会岌岌可危，在小事上都不能胜任，何谈在大事上"大显身手"呢。没有做好"小事"的态度和能力，做"大事"只会成为"无本之木，无源之水"，根本成不了气候。可以这样说，平时的每一件"小事"其实就是一个房子的地基，如果没有这些材料，想象中美丽的房子，只会是"空中楼阁"，根本无法变为"实物"。在职场中，每一个细节的积累，就是今后事业稳步上升的基础。

　　有一位老教授讲述他的经历："在我多年来的教学实践中，发觉有许多在校时资质平平的学生，他们的成绩大多是中等或中等偏下，没有特殊的天分，有的只是安分守己的诚实性格。这些孩子走上社会参加工作，不爱出风头，默默地奉献。他们平凡无奇，毕业之后，老师、同学都不太记得他们的名字和长相。

但毕业几年、十几年后，他们却带着成功的事业回来看老师，而那些原本看来有美好前程的孩子，最终却一事无成。这是怎么回事？

"我常与同事一起琢磨，认为成功与在校成绩并没有什么必然的联系，但和踏实的性格密切相关。平凡的人比较务实，比较能自律，所以许多机会落在这种人身上。平凡的人如果加上勤能补拙的特质，成功之门必定会向他大方地敞开。"

人们都想做大事，而不愿意或者不屑于做小事，想做大事的人太多，而愿意把小事做好的人太少。事实上，随着经济的发展，专业化程度越来越高，社会分工越来越细，真正所谓的大事实在太少，比如，一台拖拉机，有五六千个零部件，要几十个工厂进行生产协作；一辆福特牌小汽车，有上万个零件，需上百家企业生产协作；一架波音747飞机，共有450万个零部件，涉及的企业单位更多。

因此，多数人所做的工作还只是一些具体的事、琐碎的事、单调的事，它们也许过于平淡，也许鸡毛蒜皮，但这就是工作，是生活，是成就大事不可缺少的基础。所以无论做人、做事，都要注重细节，从小事做起。一个不愿做小事的人，是不可能成功的。老子就一直告诫人们："天下难事，必作于易；天下大事，必作于细。"要想比别人更优秀，只有在每一件小事上下功夫。不会做小事的人，也做不出大事来。

人可以不伟大，
但不能没有责任心

　　松下幸之助说过："责任心是一个人成功的关键。对自己的行为负责，独自承担这些行为的哪怕是最严重的后果，正是这种素质构成了伟大的人格。"事实上，当一个人养成了尽职尽责的习惯之后，从事任何工作，他都会从中发现工作的乐趣。在这种责任心的驱使下，工作能力和工作效率会得到大幅度提高，当我们把这些运用到实践当中，我们就会发现，成功已握在自己的手中。

　　一位超市的值班经理在超市巡视时，看到自己的一名员工对前来购物的顾客态度极其冷淡，偶尔还向顾客发脾气，令顾客极为不满，而他自己却毫不在意。

　　这位经理问清原因之后，对这位员工说："你的责任就是为顾客服务，令顾客满意，并让顾客下次还到我们超市购物，但是你的所作所为是在赶走我们的顾客。你这样做，不仅没有承担起自己的责任，而且还正在使企业的利益受到损害。你懈怠自己的责任，也就失去了企业对你的信任。一个不把自己当成企业一分子的人，就不能让企业把他当成自己人，你可以走了。"

　　这名员工由于对工作的不负责任，不但危害了企业的利益，还让自己失去了工作。可见，对工作负责就是对自己负责。

　　对那些刚刚进入职场的大学生来说，对工作负责不但能够使自己养成良好的职业习惯，还能为自己赢得很好的工作机会。但如果缺乏责任感，就只能面临被淘汰的危险。

晓青曾是一家软件公司的程序员。学计算机专业的晓青毕业后非常幸运地进入了这家比较大的软件公司工作。上班的第一个月，由于她刚毕业在学校还有一些事情要处理，所以经常请假，加上她住的地方离公司比较远，经常不能按时上下班。好在她专业技术过硬，和同事一起解决了不少程序上的问题，很明显，公司也很看重她的工作能力。

学校的事情处理完了，晓青上班仍像第一个月那样，有工作就来，没有工作就走，迟到，早退，甚至还在上班时间拉同事去逛街。有一次，公司来了紧急任务，上司安排工作时怎么也找不着她。事后，同事悄悄地提醒她，而她却以一句"没有什么大不了的"，让同事无言以对。她认为自己工作能力强就行，其他的不必放在心上。结果可想而知，在试用期结束后的考评中，晓青的业务考核通过了，但在公司管理规章和制度的考核上给卡住了，她只能接受被淘汰的命运。

"没有什么大不了的"，绝不是一位初涉职场的新人或是任何一位员工在有工作任务的时候可以说的话。上班时间逛街是绝对不可以的，接到工作任务，必须马上回公司。把公司的照顾当作福利，缺乏应有的责任感，就是能力再强，公司也只能忍痛割爱了，毕竟公司看重的是员工的团队意识。

对工作负责就是对自己负责。所以，任何一名员工都应对自己的工作负责，那时你就会发现，自己还有很多的潜能没有发挥出来，你要比自己往常出色很多倍，你会在平凡单调的工作中发现很多的乐趣。最重要的是，你的自信心还会得到提升，因为你能做得更好。

当你尝试着对自己的工作负责的时候，你的生活会因此改变很多，你的工作也会因此而改变。其实，改变的不是生活和工作，而是一个人的工作态度。正是工作态度，把你和其他人区别开来。这样一种敬业、主动、负责的工作态度和精神让你的思想更开阔，工作起来更积极。对自己的工作负责，这是一种工作态度，这种态度，会让你重新发现生活的乐趣、工作的美妙。

忠诚第一，
能力第二
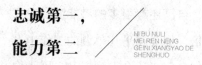
NI BU NULI
MEI REN NENG
GEINI XIANGYAO DE
SHENGHUO

在一项对世界著名企业家的调查中，当被问到"您认为员工最应具备的品质是什么"时，他们无一例外地选择了"忠诚"。

忠诚是一个人在职场中最好的品牌，同时也是最值得重视的职场美德。因为每个公司的发展和壮大都是靠员工的忠诚来维持的，如果所有的员工对公司都不忠诚，那这个公司的结局就是破产，那些不忠诚的员工自然也就会失业。

毫无疑问，大多数年轻人对自己的雇主都有一定程度的忠诚之心，至少对于他们现在所从事的工作是这样的，但这样的忠诚在很多时候都表现得微不足道。很多人，如果你说他对雇主的忠诚不足，他会这样辩解："忠诚有什么用呢？我又能得到什么好处？"忠诚并不是增加回报的砝码，如果是这样，那就不是忠诚，而是交换。

一家公司的人力资源部经理说："当我看到申请人员的简历上写着一连串的工作经历，而且是在短短的时间内，我的第一感觉就是他的工作换得太频繁了。频繁地换工作并不能代表一个人工作经验丰富，而是说明了一个人的适应性很差或者工作能力低。如果他能快速适应一份工作，就不会轻易离开，因为换一份工作的成本是很大的。"

没有哪个老板会用一个对自己公司不忠诚的人。"我们需要忠诚的员工。"这是老板们共同的心声，因为老板知道，员工的不忠诚会给公司带来什么。只要自下而上地做到了忠诚，就可以壮大一个公司，相反，就可能毁了一个公司。

在现今越来越激烈的竞争中，人才之间的较量，已经从单纯的能力较量延伸到了品德方面的较量。在所有的品德中，忠诚越来越得到各个公司的重视，从某种意义上说，忠诚更是一种能力，因为只有忠诚的人，才有资格成为优秀团队中的一员，才能更好地发挥自己的能力。

鲍勃是一家网络公司的技术总监。由于公司改变发展方向，他觉得这家公司不再适合自己，决定换一份工作。

以鲍勃的资历和在业界的影响，加上原公司的实力，找份工作并不是件困难的事情。有多家企业早就盯上他了，以前曾试图挖走鲍勃，都没成功。这一次，是鲍勃自己想离开，对这些公司来说，这真是一次绝佳的机会。

很多公司都开出了令人心动的条件，但是在优厚条件的背后总是隐藏着一些东西。鲍勃知道这是为什么，但是他不能因为优厚的条件就背弃自己一贯的原则，于是鲍勃拒绝了很多家公司对他的邀请。

最终，他决定到一家大型企业去应聘技术总监，这家企业在全美乃至世界上都有相当大的影响，很多业界人士都希望能到这家公司工作。

对鲍勃进行面试的是该企业的人力资源部主管和负责技术方

面工作的副总裁。对鲍勃的专业能力他们无可挑剔，但是他们提到了一个使鲍勃很失望的问题。

"我们很欢迎你到我们公司来工作，你的能力和资历都非常不错。我听说你以前所在的公司正在着手开发一个新的适用于大型企业的财务应用软件，据说你提了很多非常有价值的建议。我们公司也在策划这方面的工作，你能否透露一些你原来公司的情况，你知道这对我们很重要，而且这也是我们为什么看中你的一个原因。请原谅我说得这么直白。"副总裁说。

"你们问我的这个问题很令我失望，看来市场竞争的确需要一些非正当的手段。不过，我也要令你们失望了。对不起，我有义务忠诚于我的企业，任何时候我都必须这么做，即使我已经离开。与获得一份工作相比，忠诚对我而言更重要。"鲍勃说完就走了。

鲍勃的朋友都替他惋惜，因为能到这家企业工作是很多人的梦想。但鲍勃并没有因此而觉得可惜，他为自己所做的一切感到坦然。

没过几天，鲍勃收到了来自这家公司的一封信，信上写着："你被录用了，不仅仅因为你的专业能力，还有你的忠诚。"

其实，这家公司在选择人才的时候，一直很看重一个人是否忠诚。他们相信，一个能对原来公司忠诚的人也可以对自己的公司忠诚。这次面试，很多人被淘汰了，就是因为他们为了获得这份工作而对原来的公司丧失了最起码的忠诚。这些人中，不乏优秀的专业人才。

由此可见，忠诚不仅不会让人失去机会，还会让人赢得机会。除此之外，还能赢得别人的尊重和敬佩。人们应该意识到，取得成功最重要的因素不是一个人的能力，而是他优秀的道德品质。所以，阿尔伯特·哈伯德说："如果能拿得起来，一盎司忠诚相当于一磅智慧。"

人生最大的价值，就是对工作有兴趣

NI BU NULI
MEI REN NENG
GEINI XIANGYAO DE
SHENGHUO

思科公司的总裁约翰·钱伯斯曾说过："我们不能把工作看作是为了五斗米折腰的事情，我们必须从工作中获得更多的意义才行。"我们得从工作当中找到乐趣、尊严、成就感以及和谐的人际关系，这是我们作为职场人士所必须承担的责任。

人生最大的价值，就是对工作有兴趣。爱迪生说："在我的一生中，从未感觉到自己是在工作，一切都是对我的安慰……"然而，在职场中，对自己所从事的工作充满热情的人并不是太多，他们不是把工作当作乐趣，而是视工作为苦役。早上一醒来，头脑里想的第一件事就是：痛苦的一天又开始了……磨磨蹭蹭地到达公司以后，无精打采地开始一天的工作，好不容易熬到下班，立刻就高兴起来，和朋友花天酒地之时总不忘诉说自己的工作有多乏味、有多无聊。如此周而复始。

工作是一个人价值的体现，应该是一种幸福的差事，我们有什么理由把它当作苦役呢？有些人抱怨工作本身太枯燥，然而，问题往往不是出在工作上，而是出在我们自己身上。如果你本身不能热情地对待自己的工作的话，那么即使让你做你喜欢的工作，一个月后你依然会觉得它乏味至极。

如果你始终以最佳的精神状态出现在办公室，工作有效率而且有成就，那么你周围的人一定会因此受到感染和鼓舞，工作的热情会像野火般蔓延开来。

有一个在麦当劳工作的人，他的工作是烤汉堡。他每天都很快乐地工作，尤其在烤汉堡的时候，他更是专心致志。许多顾客对他工作如此开心感到不可思议，十分好奇，纷纷问他："烤汉堡的工作环境不好，又是件单调乏味的事，为什么你可以如此愉快地工作并充满热情呢？"

这个烤汉堡的人说："在我每次烤汉堡时，我便会想到，如果点这汉堡的人可以吃到一个精心制作的汉堡，他就会很高兴。所以我要好好地烤汉堡，使吃汉堡的人能感受到我带给他们的快乐。看到顾客吃了之后十分满足，神情愉快地离开时，我便感到十分高兴，仿佛又完成了一件重大的工作。因此，我把烤好汉堡当作我每天工作的一项使命，尽全力去做好它。"

顾客听了他的回答之后，对他能用这样的工作态度来烤汉堡，都感到非常钦佩。他们回去之后，就把这样的事情告诉周围的同事、朋友或亲人，一传十、十传百，于是很多人都喜欢来这家麦当劳店吃他烤的汉堡，同时看看"快乐烤汉堡的人"。

顾客纷纷把他们看到的这个人的认真、热情的表现，反映给公司。公司主管在收到许多顾客的反映后，也去了解情况。公司有感于他这种热情积极的工作态度，认为他值得奖励和栽培。没几年，他便升为分区经理了。

工作并不只是谋生的手段，当我们把它看作人生的一种快乐使命并投入自己的热情时，上班就不再是一件苦差事，工作就会变成一种乐趣，就会有许多人愿意聘请你来做你所喜欢的事。工作是为了自己更快乐！做快乐而又成功的工作，是多么合算的事啊！

当你的才华
还撑不起野心时

NI BU NULI
MEI REN NENG
GEINI XIANGYAO DE
SHENGHUO

　　杰菲逊说："一个人拥有了别人不可替代的能力，就会使自己立于不败之地。"是的，一个能在短时间内主动学习更多的有关工作范围的知识，不单纯依赖公司培训，主动提高自身技能的人，就是公司不可替代的优秀员工。

　　当今社会是信息饱和与知识爆炸的时代，这使得我们除不断学习以适应这种社会环境之外，别无选择。现代科学技术发展的速度越来越快，新的科技知识和信息迅猛增加。有一些人在本科毕业、硕士毕业、博士毕业以后就以为自己的知识储备已经完成，足够去应付新时代的风风雨雨，但是事实往往并非如此。在现实社会中，只有那些不断更新自己知识，不断改进自身知识结构的

人，才能真正在市场上站住脚。

人与机器的区别就在于人有自我更新的能力。如果你不能睁大双眼，以积极的心态去关注、学习新的知识与技能，那么你很快就会发现，你的价值被打了 8 折、7 折、6 折、5 折甚至一文不值。这一切也许在你茫然不觉的时刻突然来临，因为不可能有一位会计会时刻为你做"折旧"财务报表提醒你，只有靠你自己主动给自己做账。

在当今时代，你如果不学习、不充电，那么很快就会被发展的社会所淘汰。因此，无论何时何地，每一个现代人都不要忘记给自己充电。只有那些随时充实自己、为自己奠定雄厚基础的人，才能在竞争激烈的环境中生存下去。

只有严格要求自己、不断进取的人，才有资格与人比高下。一个颇有魄力的老总在公司的总结会上说了这样一段话：

"美国的大公司，在开办新的分公司或增设分厂时，20 世纪 50 年代出生的人，往往就任主管职位。如果现在公司任命你担任技术部长、厂长或分公司经理的话，你们会怎样回答？你会以'尽力回报公司对我的重用，作为一个厂长，我会生产优良产品，并好好训练员工'回答我，还是以'我能胜任厂长的职务，请安心地指派我吧'来马上回答呢？

"一直在公司工作，任职 10 年以上，有了 10 年以上工作经验的你们，平时不断地锻炼自己、不断地进修了吗？一旦被派往主管职位的时候，有跟外国任何公司一较高下、把工作做好的胆量吗？如果谁有把握，那么请举手。"

这位老总环顾了一下四周，发现没有人举手，他继续说："各位可能是由于谦虚，所以没有举手。到目前，很多深受公司、同行和社会称赞的主管，都是因为在委以重任时，表现优异。正是由于他们的领导，公司才有现在的发展，他们都是从年轻的时候起，就在自己的工作岗位上不断进修，不断磨炼自己，认真学习工作要领的人。当他们被委以重任时，能够充分发挥自己的力量，带来良好的成果。"

从这个例子中也可以看出，只有时常激励自己，不断努力，保持不断进取的精神，才能够在工作中更上一层楼。不断进步，不断学习，这一点无论何时何地都不能改变。

第六章

优秀的人从不咒骂黑暗，
只会燃起明烛

反思自己的不足，
而不是一味地埋怨

NI BU NULI
MEI REN NENG
GEINI XIANGYAO DE
SHENGHUO

　　我们会抱怨生活，因为它没有把我们的一切都安排得很好，没能让我们在不经过努力就获得自己想要的东西；我们抱怨工作，因为它总是不能给我们带来财富，尽管我们已经尽力了，可是薪水还是那么一点点；我们抱怨家长，因为他们没能给我们很好的生活环境，没能让我们像富家子弟那样生活；我们抱怨朋友，因为他们总是只想着自己，完全不顾及我们的感受；我们抱怨……这样一直抱怨下去，我们突然发现，身边的一切事情都让我们看不顺眼，一切都不能尽如我们的意愿。可是，怎么办呢？问题到底出在哪里？

　　一个女孩对父亲抱怨她的生活，抱怨事事都那么艰难，她不知该如何应付生活，想要自暴自弃了。她已厌倦抗争和奋斗，好像一个问题刚解决，新的问题就又出现了。

　　女孩的父亲是位厨师，他把她带进厨房。他先往三口锅里倒入一些水，然后把它们放在旺火上烧。不久锅里的水烧开了。他往一口锅里放些胡萝卜，第二口锅里放入鸡蛋，最后一口锅里放入磨碎的咖啡豆。他将它们放入开水中煮，一句话也没说。

　　女孩咂咂嘴，不耐烦地等待着，纳闷父亲在做什么。大约20分钟后，他把火闭了，把胡萝卜捞出来放入一个碗内，把鸡蛋捞出来放入另一个碗内，然后又把咖啡舀到一个杯子里。做完这些后，他才转过身问女儿："亲爱的，你看见什么了？"

"胡萝卜、鸡蛋、咖啡。"她回答。

他让她靠近些，并让她用手摸摸胡萝卜。她摸了摸，注意到它们变软了。

父亲又让女儿拿一只鸡蛋并将它打破。将壳剥掉后，她看到的是只煮熟的鸡蛋。

最后，父亲让她啜饮咖啡。品尝到香浓的咖啡，女儿笑了。她问道："父亲，这意味着什么？"

父亲解释说，这三样东西面临同样的逆境——煮沸的开水，但其反应各不相同。

胡萝卜在入锅之前是强壮的、结实的，但进入开水一煮后，它变软了、变弱了。

鸡蛋原来是易碎的。它薄薄的外壳保护着它呈液体的内脏，但是经开水一煮，它的内脏变硬了。而粉状咖啡豆则很独特，放入沸水后，它们改变了水。

父亲的教导方法是高明的。他把生活比作了一杯水，而拿不同的物体比喻成我们。如果我们如胡萝卜一般，只能任由环境的改变，那么我们就是被动的；而当我们是粉状咖啡豆的时候，尽管在杯子里已经找不到我们的影子了，却能因为我们的变化而改变了人生的大环境。

所以说，当你开始抱怨生活的时候，先要认清楚自己，看你是容易被生活改变，还是你可以去改变生活。如果你被生活改变了，那么就不要责怪生活，而要怪你自己的不坚定，容易随波逐流。而当你确定你能够改变生活的时候，就应该放下抱怨，拿出勇气，因为生活的味道完全是你可以设计和改变的。

发现自己错的时候，就在成长

人类有着一个共同的特点，就是总将问题归结到别人的身上，认为别人是问题的制造者，而自己只是一个无辜的受害者。殊不知，98% 的问题都是自己造成的，如果自己身上没有问题或在自己的环节将问题彻底解决，便不会出现一发不可收拾的局面了。

一本杂志曾刊登过这样一个故事：

当巴西海顺远洋运输公司派出的救援船到达出事地点时，"环大西洋"号海轮已经消失了，21 名船员不见了，海面上只有一个救生电台有节奏地发着求救的信号。救援人员看着平静的大海发呆，谁也想不明白在这个海况极好的地方到底发生了什么，从而导致这条最先进的船沉没。后来有人发现电台下面绑着一个密封的瓶子，打开瓶子，里面有一张字条，21种笔迹，上面这样写着：

一水汤姆："3月21日，我在奥克兰港私自买了一个台灯，想给妻子写信时照明用。"

二副瑟曼："我看见汤姆拿着台灯回船，说了句'这小台灯底座轻，船晃时别让它倒下来'，但没有干涉。"

三副帕蒂："3月21日下午船离港，我发现救生筏施放器有问题，就将救生筏绑在架子上。"

二水戴维斯："离岗检查时，发现水手区的闭门器损坏，用铁丝将门绑牢。"

二管轮安特尔："我检查消防设施时，发现水手区的消火栓锈蚀，心想还有几天就到码头了，到时候再换。"

船长麦特："起航时，工作繁忙，没有看甲板部和轮机部的安全检查报告。"

机匠丹尼尔："3月23日上午理查德和苏勒的房间消防探头连续报警。我和瓦尔特进去以后，未发现火苗，判定探头误报警，拆掉交给惠特曼，要求换新的。"

机匠瓦尔特："我就是瓦尔特。"

大管轮惠特曼："我说正忙着，等一会儿拿给你们。"

服务生斯科尼：3月23日13点到理查德房间找他，他不在，

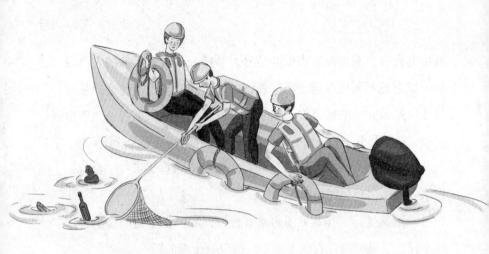

坐了一会儿，随手开了他的台灯。

大副克姆普："3月23日13点半，带苏勒和罗伯特进行安全巡视，没有进理查德和苏勒的房间，说了句'你们的房间自己进去看看'。"

一水苏勒："我笑了笑，也没有进房间，跟在克姆普后面。"

一水罗伯特："我也没有进房间，跟在苏勒后面。"

机电长科恩："3月23日14点，我发现跳闸了，因为这是以前也出现过的现象，没多想，就将闸合上，没有查明原因。"

三管轮马辛："感到空气不好，先打电话到厨房，证明没有问题后，又让机舱打开通风阀。"

大厨史若："我接马辛的电话时，开玩笑说，我们在这里有什么问题，你还不来帮我们做饭，然后问乌苏拉：'我们这里都安全吗？'"

二厨乌苏拉："我也感觉空气不好，但觉得我们这里很安全，就继续做饭。"

机匠努波："我接到马辛的电话后，打开通风阀。"

管事戴思蒙："14点半，我召集所有不在岗位的人到厨房帮忙做饭，晚上会餐。"

医生英里斯："我没有巡诊。"

电工荷尔因："晚上我值班时跑进了餐厅。"

最后是船长麦特写的话："19点半发现火灾时，汤姆和苏勒房间已经烧穿，一切糟糕透了，我们没有办法控制火情，而且火越烧越大，直到整条船上都是火。我们每个人都犯了一点错误，最终酿成了船毁人亡的大错。"

看完这张绝笔字条，救援人员谁也没说话，海面上死一样的寂静，大家仿佛清晰地看到了整个事故的过程。

船长麦特的最后一句话是最值得我们深思的："我们每个人都犯了一点错误，最终酿成了船毁人亡的大错。"问题出现时，不要再找借口了，因为你自己才是问题的真正根源，98%的问题都是自己造成的，"环大西洋"号的覆灭不正说明了这一点吗？

失败者的借口通常是"我没有机会"。他们将失败的理由归结为不被人垂青，好职位总是让他人捷足先登，殊不知，其失败的真正原因恰恰在于自己不够勤奋，没有好好把握得之不易的机会。而那些意志坚强的人则绝不会找这样的借口，他们不等待机会，也不向亲友们哀求，而是靠自己的勤奋努力去创造机会，因为他们深知，很多困境其实是自己造成的，唯有自己才能拯救自己。

问题面前，
最需要改变的是自己

NI BU NULI
MEI REN NENG
GEINI XIANGYAO DE
SHENGHUO

英国伦敦泰晤士河南岸有座西敏寺，安葬于此的一位英国主教的墓志铭十分特别。墓碑上写着这样一段话："我年少时，意气风发，当时曾梦想要改变世界。但当我年事渐长，发觉自己根本无力改变世界，于是决定改变自己的国家。但这个目标我还是无法实现。步入中年之后，我试着改变自己身边的最亲密的人，但是，他们根本不接受改变！当我垂垂老矣，终于顿悟了一件事，我应该改变自己，以身作则影响家人。若我能为家人做榜样，也许下一步能改善我的国家，再接下来，谁又知道呢，也许我连整个世界都可以改变！"

我们也许都曾有过类似的困惑，费尽力气要改变别人，甚至要改变世界，让世界来顺应自己，然而，这是不现实且是徒劳的。

我们常常意识不到自身的问题，总想着"换个环境吧，换个环境就会好了"，可是，这并不是问题的关键。

一只乌鸦打算飞往南方，途中遇到一只鸽子，一起停在树上休息。鸽子问乌鸦："你这么辛苦，要飞到哪里去？为什么要离开呢？"乌鸦愤愤不平地说："其实，我也不想离开，可是那里的人都不喜欢我的叫声。所以，我想飞到别的地方去。"鸽子好心地说："别白费力气了。如果你不改变自己的声音，飞到哪儿都不会受欢迎的。"

环境的变化，虽然对一个人的命运有一定的影响，但是，任何一个环境都有可供发展的机遇，紧紧抓住这些机遇，好好利用这些机遇，不断随环境的变化调整自己的观念，就有可能在社会竞争的舞台上开辟出一片新天地，站稳脚跟，这就需要我们自己做出妥协，进行改变。有时，你会发现，你发生了变化，一切都变得美好起来。

推销员戴尔做了一年半的业务，看到许多比他后进公司的人都晋升了职位，而且薪水也比他高许多，他百思不得其解。想想自己来了这么长时间了，客户也没少联系，可就是没有大的订单让他在业务上有所起色。

有一天，戴尔像往常一样下班就打开电视若无其事地看起来，突然有一个名为"如何使生命增值"的专家访谈引起了他的关注。

心理学专家回答记者说："我们无法控制生命的长度，但我们完全可以把握生命的深度！其实每个人都拥有超出自己想象十倍以上的力量。要使生命增值，唯一的方法就是在工作中努力地追求卓越！"

戴尔听完这段话后，决定从此刻做出改变。他立即关掉电视，拿出纸和笔，严格地制订了半年内的工作计划，并落实到每一天的工作中……

两个月后，戴尔的业绩明显大增，9个月后，他已为公司赚取了 2500 万美元的利润，年底他当上了公司的销售总监。

如今戴尔已拥有了自己的公司。他每次培训员工时，都不忘说："我相信你们会一天比一天更优秀，只要你决心做出改变！"于是员工信心倍增，公司的利润也飞速增长。

"我们这一代最伟大的发现是，人类可以由改变自己而改变命运。"戴尔用自己的行动印证了这句话，那就是：有些时候，面对一些棘手的问题，应该迫切改变的或许不是环境，而是我们自己。换句话说，有些时候，我们不是找不到方法去解决问题，而是在问题面前，我们没有真正地做出努力。在完善自己的同时，我们也就找到了解决问题的方法。

环境的变化虽然对一个人的命运有直接影响，但是，任何一个环境，都有可供发展的机会，紧紧抓住这些机会，好好利用这些机会，不断随环境的变化调整自己的观念，就有可能在社会竞争的舞台上开辟出一片新天地，站稳脚跟。所以，每个人在经营的过程中，必须有中途应变的准备，这是市场环境下的生存之本，也是强者的生存之本。

问题面前最需要改变的是我们自己，面对环境的变化，我们要及时改变自己的观点和思路，只有这样，才有可能最终走向成功。

抱怨身处黑暗，
不如提灯前行

　　杰克拥有一座美丽的莲花池。那其实是他在乡下住宅附近的一片天然洼地，他坚称他在乡间的宅邸为他的农场，水从远处山丘上的蓄水池中流入这片洼地，其间还要通过一个可调节水流大小的阀门开关。一切是那么的和谐美满，到了夏天，澄澈的水面上就会铺满怒放的莲花，鸟儿们在池中自由嬉戏，从早到晚都能听到它们的奏鸣音。蜜蜂则在花园中的野花上忙碌不辍。极目远眺，池塘的后面是一片美丽的丛林，野生的浆果、灌木、蕨类植物争相盛开，热闹极了。

　　杰克是一个平凡的人，但他拥有着一颗博爱的心。在他的领土上，你看不到"私人所有，不得擅入"或"擅入必究"的字样。取而代之的是原野尽头那让人倍感亲切的标语，"这里的莲花欢迎你"。他得到了所有人的由衷爱戴，原因很简单，他真诚地爱着所有人，并愿意与他们分享他的一切。

　　在这里人们常能碰到正在玩耍的天真孩子和风尘仆仆、步履蹒跚的游人，不止一次看到他们离去时脸上那与来时全然不同的神情，仿佛卸下了身上的重负，直到现在人们的耳边似乎还能听到他们离去时的低声呢喃和祝福。有些人甚至把这里称为世外桃源。闲暇时作为主人的他也会在此静坐享受夜晚的寂静。当游人离去后，他趁着皎洁的月光在园中往来踱步或坐在老式的木质长椅上伴着芬馥的野花香喝点什么。他是一个具有美好品质的人。用他自己的话说，这是他一生中最伟大最成功之处，经常带给他莫名的感动。

毗邻的一切生物仿佛也能感受到这里散发出的亲善、友好、宁谧、欢欣的气氛。牛羊们会漫步到树林边古老的石栏下，张望着里面美好的景致，我想它们真的是在跟我们一起共享这份温馨。动物们面带微笑昭示着它们的心满意足和欢欣愉悦，或许这就是他心中所求的吧，因为每当此时他也会露出会心的微笑，表示他能理解它们的心满意足和欢欣愉悦。

水源的供给原本丰沛，水池的进水阀又总是开到最大，这让水流婉转而下，不仅在栏边驻足的牛羊能饮到甘甜的山泉，邻家的田园亦可受惠。

不久前杰克因事不得不离开大约一年的光景，这段时间里他把房子租给了另外一个男人，新租客是位非常"实际"的人，他绝不做任何无法给他带来直接利益的事。连接莲花池与蓄水池之间的阀门被关闭了，土地再也得不到泉水的滋润和灌溉；朋友立起的"这里的莲花欢迎你"的标语也被移走；池边再也见不到嬉戏的顽童和欣慰的游人。总之，这里发生了天翻地覆的变化，再不复往昔林木欣欣向荣、泉水涓涓而流的样子。池里的花朵因失去了赖以生存的水源而日渐凋零，只有伏在池底烂泥上枯萎的花茎还在向人们诉说着往日的热闹。原本在清澈的池水中悠然而动的鱼早已化为枯骨，走近池边便能闻到它们发出的腥臭。岸边没有了绽放的鲜花，鸟儿不再停留于此，蜜蜂们已移居它处，园中亦不见蜿蜒的流水，栏外成群的牛羊再也饮不到甘甜的清泉。

如我们所见，今天的莲花池与杰克悉心照料的莲花池有天壤之别。而细究之下，造成这一切差别的原因却十分微不足道，仅仅是因为后者关闭了引水的阀门，阻止了来自山腰的水流。这个貌似简单的举动，掐断了一切生物的生命之源。它不仅毁掉了生机盎然的莲花池，还间接破坏了周遭的环境，剥夺了周遭邻居们与动物们的幸福。

看了上面的故事，你是否对生命的真谛有了新的感悟？在这个莲花池的故事中，杰克那种博爱的胸怀就是宇宙间最真、最美的东西。

其实，故事里的莲花池跟你我的生命是无法相提并论的，因为它的生命完全掌握在他人之手，只有依赖别人替它打开阀门才能生存下去。相对于莲花池的无助，我们的生命则强势许多，至少我们可以自由决定从外界汲取的能量及信息，能够掌握人生的只有我们自己的思想。

将批评当作自我成长
的"添加剂"

乔治在纽约郊外著名的卡瑞月湖度假村工作。

一个周末，乔治正忙碌不堪时，服务生端着一个盘子走进厨房对他说，有位客人点了这道"油炸马铃薯"，他抱怨切得太厚。

乔治看了一下盘子，跟以往的油炸马铃薯并没有什么不同，但他却按客人的要求将马铃薯切薄些，重做了一份请服务生送去。

几分钟后，服务生端着盘子气呼呼走回厨房，对乔治说："我想那位挑剔的客人一定是生意上遭遇困难，然后将气借着马铃薯发泄在我身上，他对我发了顿牢骚，还是嫌切得太厚。"

乔治在忙碌的厨房中也很生气，从没见过这样的客人！但他还是忍住气，静下心来，耐着性子将马铃薯切成更薄的片状，之后放入油锅中炸成诱人的金黄色，捞起放入盘子后，又在上面洒了些盐，然后第三次请服务生送过去。

不一会儿，服务生又端着盘子走进厨房，但这回盘子里空无一物。服务生对乔治说："客人满意极了。餐厅的其他客人也都赞不绝口，他们要再来几份。"

这道薄薄的油炸马铃薯从此成了乔治的招牌菜，并发展成各种口味，今天已经是全世界人们都喜爱的休闲食品。

乔治的成功，关键在于他在面对批评的时候，不是满腹牢骚，抱怨别人，而是能忍住怨气做好自己的工作，让顾客满意。一次一次地改进，不仅满足了顾客，同时也成就了乔治的事业。

成功的人，所具备的素质就是当有人对自己不满意时，不是去抱怨别人，而是积极努力地完善自己。

没有完美的个人，
只有完美的团队

一位生前经常行善的基督徒见到了上帝，他问上帝天堂和地狱有何区别。于是上帝就让天使带他到天堂和地狱去参观。

到了天堂，在他们面前出现一张很大的餐桌，桌上摆满了丰盛的佳肴。围着桌子吃饭的人都拿着一把十几尺长的勺子。

不过令人不解的是，这些可爱的人们都在相互喂对面的人吃饭。可以看得出，每个人都吃得很愉快。天堂就是这个样子呀！他心中非常失望。

接着，天使又带他来到地狱参观。出现在他面前的是同样的一桌佳肴，他心中纳闷：天堂怎么和地狱一样呀！天使看出了他的疑惑，就对他说："不要急，你再继续看下去。"

过了一会儿，用餐的时间到了，只见一群骨瘦如柴的人来到桌前入座。每个人手上也都拿着一把十几尺长的勺子。

可是由于勺子实在是太长了，每个人都无法把勺子内的饭送到自己口中，这些人都饿得大喊大叫。

负能量爆炸
第一个伤到自己

NI BU NULI
MEI REN NENG
GEINI XIANGYAO DE
SHENGHUO

现实生活中，有些人好像从来就没有过顺心的事或顺利的时候，任何时候你与他在一起，都会听到他不停地抱怨。他们把每一件不顺心的小事都堆积在心里、挂在嘴上，搞得自己的心态和情绪都很糟。在这样一种状态下，自己很烦躁，别人也很厌烦。

"万事如意"不过是人们对生活的良好祝愿，真正现实的生活中，人们所面对的总是一些不尽完美的事情。我们虽不可能保证事事顺遂，但应该做到坦然面对，该放则放，不要把一些"垃圾"堆积在心里，把乌云挂在脸上，把牢骚挂在嘴上，否则你就会变成不受欢迎的人。

英特尔的一个分公司要进行人事调动，主管杰克对年轻的约翰说："你把手头的工作安排一下，到销售部去报到，我觉得那里更适合你，你有什么意见吗？"约翰嘴巴动了动，心想："我有意见有什么用，你是主管，还不是你说了算？"不过他并没有将这样的话说出来，而是默默地离开了。

当时销售部的工作也不太好做，约翰背地里想："这一次把我调到最糟的销售部，一定是杰克在搞鬼，见我这边工作出色嫉妒我，怕我抢他的位置。

哼，我们走着瞧！"到了销售部后，约翰整天板着脸，对所有新同事都是爱理不理，工作也不热心。慢慢地，同事们逐渐疏远他了。

有一次，一个重要的客户打电话来，让他转告杰克，让杰克第二天到客户那里参加一个洽谈会，因为关系到一笔大业务，所以要求杰克第二天必须按时赶到。约翰听后，认为这是一个绝好的报复机会，于是装作不知道这件事，也没告诉杰克。

第二天，杰克将约翰叫到自己的办公室，非常严肃地告诉他："约翰，客户那么重要的事情你为什么不告诉我？如果不是客户今天早晨又打电话催我，我们几乎失去了一笔上千万的生意。我本来以为你平时工作表现好，只是为人欠历练，所以把你调到销售部，考察磨炼你一下，看你是否能在以后担当重任。可你却对此心生怨恨，还故意报复，我们整个部门的前途差点就毁在你的手上。对于你的这种表现，我非常失望。我不得不告诉你，你被解雇了。"

约翰因为没有和自己的主管及时沟通，将自己对主管的怨恨情绪积在心里，终于做出了不理智的举动，结果使自己的前途尽毁。整天抱怨的人总是受累于情绪，似乎烦恼、压抑、失落甚至痛苦总是接二连三地袭来，于是频频抱怨生活对自己不公平，自己因而一直生活在抱怨的世界中。

心里不是堆积"垃圾"的地方，必须及时清空自己的坏情绪。情绪的控制完全在于自己，完全把握自己的情绪，积极主动，使得自己的情绪不会被别人所左右。很多乐观的人都善于控制自己的情绪，让自己活在快乐之中。人生在世，总会遇到很多悲伤与痛苦，如果不能掌控自己的情绪，就会成为情绪的奴隶。斯摩尔曾经说过："做情绪的主人，驾驭和把握自己的方向。"

及时进行心灵扫除，
才能轻装上阵

印度一位公主的波斯猫走丢了，于是国王下令：谁要是能把猫找到，重重有赏，并叫宫廷画师画了数千幅猫像，张贴在全国各地。

送猫者络绎不绝，但都不是公主丢失的。公主于是就想：可能是捡到猫的人嫌钱少，那可是一只纯正的波斯猫。

公主把这一想法告诉国王，国王马上把赏金提高到50块金币。一个流浪儿在宫廷花园外面的墙角捡到了那只猫。

流浪儿看到了告示，第二天早上就抱着猫去领50块金币。

当他经过一家货铺时，看到墙上贴的告示上已变成100块金币。

流浪儿又回到他的破茅屋，把猫重新藏好，他又跑去看告示时，赏金已涨到150块金币。接下来的几天里，流浪儿没有离开过贴告示的墙壁。

当赏金涨到使全国人民都感到惊讶时，流浪儿返回他的茅屋，准备带上猫去领赏，可是猫已经死了。

因为这只猫在公主身边吃的都是鲜鱼和鲜肉，对流浪儿从垃圾桶里捡来的东西根本消化不了。

贪心使人永远没有满足之时，因此，不能将贪心作为人生的包袱，太贪心反而什么也得不到，只有卸掉包袱才能轻装上阵。

古人曾说，二鸟在林不如一鸟在手，我们为什么不好好地珍惜已在手中的那只鸟，偏偏整日去贪图那两只遥不可及的家伙？好高骛远，不满现实，正是现代人想出来的烦恼。自己的汽车还好好的，一见邻居买了一辆新车，就想尽办法也要换辆新的；自家的房子够大也够住，但别人有了新屋，于是一定要与人家比，左思右想要买栋更漂亮的房子！人比人，气死人，这样比来比去，你永远不会满足。问题就出在"过分"二字，过分即不按理性做事，心理失去平衡，因此会增添许多不必要的压力。

人生又何尝不是如此！在人生路上，每个人都是在不断地累积东西，这些东西包括你的名誉、地位、财富、亲情、人际、健康、知识等，当然也包括了烦恼、忧闷、挫折、沮丧、压力。这些东西，有的早该丢弃而未丢弃，有的则是早该储存而未储存。因此，对那些会拖累你的东西，必须立刻放弃，卸掉包袱，进行心灵扫除。

心灵扫除的意义，就好像是生意人的"盘点库存"。你总要了解仓库里还有什么，某些货物如果不能限期销售出去，最后很可能会因积压过多拖垮你的生意。

不过，有时候某些因素也阻碍我们放手进行扫除。譬如，太忙、太累，或者担心扫完之后，必须面对一个未知的开始，而你又不确定哪些是你想要的。

的确，心灵清扫原本就是一种挣扎与奋斗的过程。不过，你可以告诉自己：每一次的清扫，并不表示这就是最后一次。而且，没有人规定你必须一次全部扫干净。你可以每次扫一点，但你至少必须立刻丢弃那些会拖累你的东西。

生命的过程就如同参加一次旅行。你可以列出清单，决定背包里该装些什么才能让你到达目的地。但是需要记住一点，在每一次生命停泊时都要学会清理自己的背包：什么该丢，什么该留。只有卸掉一些不必要的东西，才能轻装上阵，活得更轻松、更自在。

对他人少些愤怒，
对自己多些要求

上帝问人，世界上什么事最难。人说挣钱最难，上帝摇头。人说哥德巴赫猜想，上帝又摇头。人说：我放弃，你告诉我吧。上帝说是认识自己并且修正自己的弱点。的确，那些富于思想的哲学家也都这么说。

发现自己的弱点并克服它确实很难。理由繁多，因人而异，但是所有理由都源于两点：害怕发现弱点，害怕修正自己。

就像一个不规则的木桶一样，任何一个区域都有"最短的木板"，它有可能是某个人，或是某个行业，或是某件事情。聪明的人应该把它迅速找出来，并赶紧把它补齐，否则它带给你的损失可能是毁灭性的。很多时候，往往就是因为一个环节出了问题而毁了所有的努力。

对于个人来说，下面的弱点是我们最有可能出现的短板。

1. 恶习

毫无疑问，不良的习惯可以说是每个人最大的缺陷之一，因为习惯会通过一再地重复，由细线变成粗线，再变成绳索，再经过强化重复的动作，绳索又变成链子，最后，定型成了不可迁移的不良个性。

人们在分分秒秒中无意识地培养习惯，这是人的天性。因此，让我们仔细回顾一下，我们平时都培养了什么习惯，因为有可能这些习惯使我们臣服，拖我们的后腿。

诸如懒散、看连续剧、嗜酒如命以及其他各式各样的习惯，有时要浪费我们大量的时间，而这些无聊的习惯占用的时间越多，留给我们自己可利用的时间就越少。这时的不良习惯就像寄生在我们身上的病毒，慢慢地吞噬着我们的精力与生命，这种坏习惯就成了一个人最大的缺陷，成了阻碍个人成功的主要因素。

所以，习惯有时是很可怕的，习惯对人类的影响，远远超过大多数人的理解，人类的行为95%是通过习惯做出的。事实上，成功者与失败者之间的差别在于他们拥有不一样的习惯。一个人的坏习惯越多，离成功就越远。

2.犯错

通常人们都不把犯错误看成是一种缺陷，甚至把"失败是成功之母"当成自己的至理名言。

如果一个人在同一个问题上接连不断地犯错误，比如健忘，这是任何一个成功人士都不能容忍的。一个不会在失败中吸取教训的人是不配把"失败是成功之母"挂在嘴边的。不管是否具备吸取教训的意识还是能力，它都是一个人获取成功道路上的致命缺陷。

有一些人不管是在学习还是在工作中，犯错误的频率总是比一般人高。他们做事情总是马虎大意、毛毛躁躁。对他们而言，把一件事做错比把一件事做对容易得多，而且每当出现错误时，他们通常的反应都只是："真是的，又错了，真是倒霉啊！"

把犯错归结为坏运气是他们一向的态度，或许他们没有责任心，做事不够仔细认真，或许他们没有找到做事的正确方式，但无论出于哪一点，如果他们没有改正错误，这都将给他们的成功带来巨大的障碍。

3. 马虎

一位伟人曾经说过："轻率和疏忽所造成的祸患将超乎人们的想象。"许多人之所以失败，往往因为他们马虎大意、鲁莽轻率。

在宾夕法尼亚州的一个小镇上，曾经因为筑堤工程质量要求不严格，石基建设和设计不符，结果导致许多居民死于非命——堤岸溃决，全镇都被淹没。建筑时小小的误差，可以使整幢建筑物倒塌；不经意抛在地上的烟蒂，可以使整幢房屋甚至整个村庄化为灰烬。

鉴于我们这些可知的和未可知的缺点，我们一定要学会修正自己，这本身就是一种能力。

4. 不谨言慎行

自己的言行对做事成功是必要的，虽然人们不用匕首，但人们的语言有时比匕首还厉害。一则法国谚语说，语言的伤害比刺刀的伤害更可怕。那些溜到嘴边的刺人的反驳，如果说出来，可能会使对方伤心痛肺。

孔子认为，君子欲讷于言而敏于行。即君子做人，总是行动在人之前，语言在人之后。克制自己，谨言慎行是做事最基本的功夫。

而在这个世界上，那些谦虚豁达能够克制自己的人总能赢得更多的知己，那些妄自尊大、小看别人、高看自己的人总是令别人反感，最终在交往中使自己到处碰壁。

所以无论在什么情况下我们都要学会克制自己、修正自己。只有这样，我们才能够提高自己的能力，才能修复我们生活中的一切"短板"，才会受到别人的欢迎，才能做好我们要做的事。

第七章

选择站在你渴望
成为之人的旁边

借别人的力量，
也能实现自己的梦想

　　清代文学家曹雪芹在《红楼梦》中说："万两黄金容易得，知心一个也难求。"所以有人就有这样的感叹：人生得一知己足矣！伟大的物理学家爱因斯坦也说："世间最美好的东西，莫过于有几个有头脑和心地都很正直的、严正的朋友。"

　　朋友能够推动你事业的发展，帮助你实现自己的愿望，给你提供一个能够展示自我才华的机会和舞台；在你遭遇困难的时候，他还会帮你解困，充当"恩人"的角色。信赖和依靠你的朋友，你会早日走向成功的彼岸。姚崇是唐玄宗时期有名的宰相。在他的朋友之中，有一位叫张宗全的秀才便是深谙为友之道的高手，并因此受益。

　　姚崇在青年时期，有一次，老师要他与张宗全就某个题目作一篇文章，两天之后交卷。他们都精心做了准备，将自认为写得最好的一篇交了上来。事有凑巧，姚崇与张宗全所写的内容几乎完全一样，且观点也相当一致。这如何不使老师为之恼火？没想到自己门下最得意的两个门生敢剽窃他人作品，这如何了得？

　　这时，姚崇据理力争，声明文章绝非剽窃。张宗全的作品也非剽窃他人，但他为了平息老师的怒火，就对老师说："前两天与姚崇兄论及此题，姚兄高谈阔论，学生深感佩服，遂引以为论。"

听到这番话，老师也知道错怪了两位学生，就不再生气了。事后姚崇为张宗全的广阔胸襟所感动。姚崇当上宰相后，就向唐玄宗推荐此人，唐玄宗在亲自考核张宗全的才华之后，便封了他一个正三品官衔。

可见，朋友之间相互扶持，有助于你事业的成功。

歌德与席勒是德国文学史上的两颗巨星，又是一对良师益友。虽然歌德和席勒年龄差十几岁，两个人的身世和境遇也截然不同，但共同的志向却让两人的友谊万古长青。他们相识后，合作出版了文艺刊物《霍伦》，共同出版过讽刺诗集《克赛尼恩》。席勒不断鼓舞歌德的写作热情，歌德深情地对他说："你使我作为诗人而复活了。"在席勒的鼓舞下，歌德一气呵成写出了叙事长诗《赫尔曼和多罗泰》，完成了名著《浮士德》第一部。这时，席勒也完成了他最后一部名著《威廉·退尔》。席勒死后，歌德说："如今我失去了朋友，所以我的存在也丧失了一半。"27 年后，歌德与世长辞，他的遗体和席勒葬在一起。

人们为了纪念歌德和席勒以及追念他俩之间的友谊，立了一座两位伟人并肩而立的铜像。这座铜像象征着他们的友谊，也告诉我们：人与人相互依靠、相互扶助时，所拥有的力量是成倍增长的。

友谊是慷慨和荣誉的最贤惠的母亲，是感激和仁慈的姐妹，是憎恨和贪婪的死敌，它时刻都准备舍己为人。

人在江湖飘，
单打独斗是错招

在爱情的国度里，人们梦想中的幸福是一对一的完美，而在真正的生活中，爱情之花虽美，但它只是偌大庄园中的一处风景，仍然需要阳光、雨露的呵护，友情，便是一味不可缺少的元素。英国诺丁汉大学心理学博士理查德·滕尼的研究结果表明："人的幸福概率取决于拥有好朋友的数量。拥有少于 5 位好友的人仅有 40% 的幸福概率，拥有 5 ~ 10 位好友的人有 50% 的幸福概率，拥有超过 10 位好友的人幸福概率可达 55%。"

为什么会如此呢？实际上，幸福就是一种持续的状态，转瞬即逝的快乐称不上幸福的一角。一个人成长的过程叫经历，爱情再伟大，也不可能登峰造极，无所不能。友情再微小，也会有众人拾柴火焰高的壮观。彼此默契地交流一下眼神，就了然于心；成功的时候，有人帮你举酒庆功，有人提醒你不要得意忘形，有人鼓励你再创辉煌，这些人都是你的朋友；失败的时候，有人默默地陪你拭泪，有人用严厉的语调提醒你的过失，有人拍着你的肩膀告诉你失败并不可怕，成功就在前方，这些人都是你的朋友；无所作为时，有人不断地在你耳边重复着"你能行"，有人揪着你的衬衣领子告诉你"要振作"，有人扼腕叹息着你未曾重用的时光，害它们匆匆流走，这些人都是你的朋友……谁都不知道人的一生要经历多少坎坷，可是，每个人都要记住老人们常常念叨的那句话"多个朋友，多条路"。当然，朋友自然不能完全以数字的多少来定夺，"拥有超过10位好友"的，也并不代表他必然的幸福。有人存在，就有情存在，无论你现在是富贵的还是潦倒的，都不要忘记你的朋友，这就好比种花一样，即使埋下了最好的种子，如果不经常呵护、用心维系的话就不要妄想种子能够开出娇艳美丽的花。

在抱怨朋友的消息越来越少的时候，不妨反思一下，想想自己又何时给朋友消息了呢？现在，也许，你忙着恋爱、考试、工作、结婚……都请忙里偷个闲，拿起电话，问问你的朋友在做什么、近况如何，即使友谊之花已经开始枯萎，也很有可能会再次迎来它的第二个春天。

真正的友谊是生命的旋律

NI BU NULI
MEI REN NENG
GEINI XIANGYAO DE
SHENGHUO

生活中，真正的朋友不会把友谊挂在嘴上，他们很少要求什么，而是默默地帮助朋友。

有一位少年曾遭受过朋友的欺骗和伤害，他开始怀疑世间友情的存在。一天，母亲给他讲了一个故事：一位年轻的父亲和好朋友都是建筑工人，他们正在尚未竣工的大楼外面的护栏上干活，护栏离地面有几十米高。突然，他们站立的木板断裂了。一刹那，两个人同时从几十米的高空落下。他们都认为自己完了。

万幸的是，一个防护杆拯救了他们。但两个人实在太重了，脆弱的防护杆只能承受一个人的重量，他们中间必须有一个人放开手。然而，求生的本能让他们都紧紧地抓住了防护杆。时间一点点过去，防护杆吱吱地作响，眼看马上就要断了。

这时，年轻的父亲含着眼泪对好朋友说："我还有孩子！"

未婚的好朋友只是静静地说了一句："那好吧！"然后就松开了手，像一片树叶一样落向了水泥地面。

"妈妈，我希望有这样的事情，但它只是个故事。"少年不以为然地说。

"孩子，那个得救的人就是你的爸爸，而他所说的孩子就是你。"母亲眼里含着眼泪。空气顿时凝固了，少年望着母亲，颤抖地说："叔叔一定是空中飘着的最美丽的树叶，是吗，妈妈？"

"是的，那片美丽的树叶现在一定飞上了天堂。"母亲默默地闭上了眼睛，一滴泪水悄然滑过脸庞。

这就是超越生命的友谊，它足以润泽我们的心田，照彻我们的灵魂。既不请求别人也不答应别人去做卑鄙的事情，一心想着为对方尽一点儿绵薄之力。友谊是生命的旋律，是无比美丽的青春赞歌。

真正的友谊使生命坚强，让生命长青。因为朋友，生命才会显示出它的全部价值。

退一步换和气，
争一步惹戾气

哲人说，没有宽容就没有友谊，没有善待就没有朋友。宽容和理解是一种力量，是朋友之间的桥梁和阳光。体谅、包容、退让，是维系友谊的纽带。理解和宽容使得友谊纯净无比。

1863年1月，恩格斯怀着十分悲痛的心情，把妻子病逝的消息，写信告诉了马克思。过了两天，他收到了马克思的回信。信中的开头写道："关于玛丽的噩耗使我感到意外，也极为震惊。"接着，笔锋一转，就说自己陷于怎样的困境。往后，也没有什么安慰的话。

"太不像话了！这么冷冰冰的态度，哪像20年的老朋友！"恩格斯看完信，越想越生气。过了几天，他给马克思去了一封信，发了一通火，最后干脆写上："那就请便吧！"20年的友谊发生裂痕！看了恩格斯的信，马克思的心里像压了一块大石头那样沉重。他感到自己写那封信是个大错，而现在又解释不清楚。过了10天，他想老朋友冷静一些了，就写信认了错，解释了情况，表白了自己的心情。

退让、坦率和真诚，使友谊的裂痕弥合了，疙瘩解开了。

恩格斯在接到马克思的来信后，以欢快的心情立即回了信，并附上汇款。他在信中说："你最近的这封信已经把前一封信所留下的印象清除了，而且我感到高兴的是，我没有在失去玛丽的同时再失去自己最好的朋友。"

清代林则徐有句名言："海纳百川，有容乃大。"与朋友相处，有一分退让，就受一分益；吃一分亏，就积一分福。相反，存一分骄，就多一分侮辱；占一分便宜，就招一次灾祸。

不要追究朋友的缺陷，不要泄露朋友的秘密，不要记着朋友过去的错误。只有懂得这些的人，才能交到真正的朋友。

一个人宽容，生命就会多一些空间，多一分爱心。朋友难免有缺陷和过错，理解、宽容是解除痛苦和矛盾的最佳良药，能升华友谊，使之更高洁、更纯净。

宽容是对别人的谅解，对自己的考验。为人宽容，我们就能解人之难，补人之过，扬人之长，从而在永久的友谊中感受幸福。

朋友之间不抱怨，
偶尔吃亏也是福

在当今社会，朋友对我们每个人都有着非常重要的作用。在我们高兴时，朋友能和我们分享快乐；在我们忧愁时，朋友能帮我们分忧解难；当我们有困难时，朋友可以伸出援助之手来帮助我们……

朋友在我们的生活中起着如此重要的作用，我们如何能交上一些真正的"铁哥们"呢？

在与朋友交往的过程中，情愿自己吃点儿亏是一个很好的交际方法。

清朝著名的商人胡雪岩，是大清朝有名的"红顶商人"。他的发迹史实际上就是一个善于做人、善于吃亏的经历。胡雪岩本是杭州的一个小商人，他不但善于经营，也会做人，常给周围的人一些小恩惠。但小打小闹不能使他满意，他一直想成就自己大事业。他想，在中国，一贯重农抑商，单靠纯粹经商是不太可能出人头地的。大商人吕不韦另辟蹊径，从商改为从政，名利双收，所以，胡雪岩也想走这条路。

王有龄是杭州一个小官，想往上爬，又苦于没有钱做敲门砖。胡雪岩与他也稍有往来。随着交往加深，两人发现他们有共同的理想，只是殊途同归。王有龄对胡雪岩说："雪岩兄，我并非无门路，只是手头无钱，十谒朱门九不开。"胡雪岩说："我愿倾家荡产，助你一臂之力。"王有龄说："我富贵了，绝不会忘记胡兄。"胡雪岩变卖了家产，筹措了几千两银子送给王有龄。王有龄去京师求官后，胡雪岩仍旧操其旧业，对别人的讥笑并不放在心上。

几年后，王有龄身着巡抚的官服登门拜访胡雪岩，问胡雪岩有何要求，胡雪岩说："祝贺你福星高照，我并无困难。"王有龄是个讲交情的人，他令军需官到胡雪岩的店中购物，胡雪岩的生意越来越好、越做越大。他与王有龄的关系也更加密切。正是凭着这种交情，胡雪岩使自己吉星高照，后来被左宗棠举荐为二品官，成为大清朝有名的"红顶商人"。

在朋友之间，只要你懂得吃亏是福、懂得吃亏的技巧，你将会有很多的朋友。

有雅量的人
更有亲和力

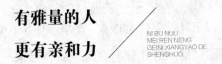

有时人往往容易原谅自己的对手，而难包容自己的朋友。这就说明友情已经注入了情感的因子，朋友已经在你的内心占据了

十分重要的位置。但是，也正因为如此，重新获得与就此失去往往在一瞬间便有所决定。不要狠心地因为一个错误而将朋友一票否决，经历过风浪的航海家才会更加出色，经受过考验的友情才会更加持久坚固。

一个人难免犯错误，谁都不可能一辈子不犯错，圣人尚且不能，我们更不可能。人与人相处也必然会产生摩擦，公平而论，与我们相处甚密的朋友，反而要比陌生人犯错的机会要多得多。

有两个朋友在沙漠中旅行，在旅途中他们吵架了，一个给了另外一个一记耳光。被打的觉得受辱，一言不发，在沙子上写下："今天我的好朋友打了我一巴掌。"他们继续往前走。又到了沼泽地，挨巴掌的那位差点儿淹死，幸好被朋友救起来了。被救起后，他在石头上刻下了："今天我的好朋友救了我一命。"朋友好奇地问道："为什么我打了你以后，你要写在沙子上，而现在要刻在石头上呢？"他笑了笑，回答说："当被一个朋友伤害时，要写在易忘的地方，风会抹去它；而如果被帮助了，我要把它刻在心灵深处，那里任何风雨都不能抹去它。"

故事虽短却让我们清楚地明白面对朋友的过错时，我们应该持有什么样的胸怀。予人玫瑰，手中存香。面对素不相识之人，以诚相待都会让自己有所获得，更何况是自己的朋友。

朋友对你的伤害常常是有口无心的，而对你的帮助却是真心的，幸福快乐的生活就是要忽略那些错误，珍惜现在所拥有的友情，将心比心地为朋友着想，你就会发现，原来这个世界也会对你微笑，原来你也会有如此多的朋友真心以待。

　　宽容是交友的法宝，不要因为一点点的错就失去理智地伤害那得来不易的友情，也别再因为一点点摩擦，就在朋友之间立起了一堵难以沟通的高墙。想想那些属于你们的琐碎的回忆，你的心灵就不会再寂寞，因为无论在哪里都有你——我的朋友！

友谊是
人生的绿地

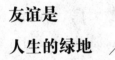

NI BU NULI
MEI REN NENG
GEINI XIANGYAO DE
SHENGHUO

　　有人说，友谊是人生不可或缺的心灵绿地。

　　在我们生命的田野上，爱情是花，亲情是树，友情则是花前树下，遍布田野的轻轻绿茵。从儿时的伙伴到小学、中学乃至大学时代的同学、校友，我们结交又次第更换着身边的朋友。"结识新朋友，不忘老朋友"，我们始终享受着友情的温馨。

　　友谊是一种十分和谐、融洽的感情。子曰："独学而无友，则孤陋而寡闻。"没有朋友的生活是枯燥单调的，人生不能无友。人的一生存在着很多变数，途中难免会出现困难、挫折和烦恼，而现代社会的复杂，决定了一个人不可能单独一个人生活，谁都需要朋友。有朋友相伴的人，才能在漫长曲折的人生道路上走得更顺、更精彩。

　　但任何事物都有两面性，友谊也不例外，交友不慎也会带来意想不到的负面影响和后果。古人云："与善人居，如入芝兰之室，久处不闻其香；与恶人居，如入鲍鱼之肆，久处不闻其臭，因与之同化矣！"

广交益友。益友是人生的良师，当你的生活陷入困境时，益友可以给你必要的指导和帮助让你渡过难关；当你的工作碰到难题时，益友可以给予启发唤醒的灵感。这样的朋友可以让你的人生更加智慧，生活更加多彩，应该好好珍惜。

不拒诤友。诤友是人生的一面明镜，能对你的过错直言不讳，能及时指出你在工作、生活中存在的不足。简言之，诤友可以改善你的人生路基，让你少走弯路，这样的朋友很难得。

莫交损友。损友是带着功利色彩，利用你达到自己的目的，袒护你的过错，怂恿你去放纵自我的朋友。这样的朋友在人生路

上是不长久的，是相互利用的短暂结合，应该擦亮自己的眼睛。

多交雅友。常言道，"君子之交淡如水"。所谓雅友，是能坐在一起，清茶一杯，促膝长谈，甚至互相争论，谈理想、人生、爱好、事业、工作，交流体会，互相鼓励，爱好高雅的君子之交。

善友是一部书，闲时翻阅，怡正情怀；善友是一杯清茶，细品慢咽，沁人心扉。一个人在一生中若能交得几个善友，那也是难得的幸福和乐趣。

感谢
一路上有你

NI BU NULI
MEI REN NENG
GEINI XIANGYAO DE
SHENGHUO

人的一生注定不能独活，除却家人的呵护、爱人的细语，我们还需要朋友的支撑。

拥有几个真正的朋友是一笔巨大的人生财富。风雨人生路上，朋友可以为你遮风挡雨，为你分担忧愁，为你解除痛苦和困难。朋友是你攀登时的一把扶梯，是你痛苦时的一剂良药，是你饥渴时的一碗清水，是你渡河时的一叶扁舟。朋友是金钱买不来、命令不来的，只有真心才能够换来。

生活中并不是所有的人都能成为朋友，就算是朋友，也有点头之交和两肋插刀之分。每个人都有自己的人生态度、处世方式、情趣爱好和性格特点，选择朋友也有各自的标准和条件。其实，交朋友的原则是追求心灵的沟通，若能在茫茫人海中，找到像钟子期和俞伯牙这种"高山流水"的友情，或者管仲和鲍叔牙般"患难与共"的友谊，可谓是人生之幸事。

人生活在这个世界上，离不开友情，离不开互助，离不开关心，离不开支持。在朋友遇到困难、受到挫折时，如果伸出援助之手，帮助对方渡过难关，战胜困难，要比赠送名贵礼品有用得多，也牢靠得多。既为朋友，就意味着相互承担着排忧解难、欢乐与共的义务。唯此，友谊才能持久常存。

有了友情，就少了许多烦忧，阴郁的叶子便不会落在土里，而会浮在水面上，向远方漂流。友情是溪流，是一种清新的空气，在身前背后。

朋友是可以一起打着伞在雨中漫步；是可以一起骑着车在路上飞驰；朋友是有悲伤一起哭，有欢乐一起笑，有好书一起读，有好歌一起听。朋友是常常想起，是把关怀放在心里，把关注盛在眼底；朋友是相伴走过一段又一段的人生，携手共度一个又一个黄昏；朋友是想起时平添喜悦，忆及时更多温柔。朋友如醇酒，味浓而易醉；朋友如花香，芬芳而淡雅；朋友是秋天的雨，细腻又充满诗意；朋友是腊月的梅，纯洁又傲然挺立。朋友不是画，它比画更绚丽；朋友不是歌，它比歌更动听，朋友的美不在来日方长；朋友最真是瞬间永恒、相知刹那；朋友的可贵在于曾一同走过的岁月，拥有共同的回忆；朋友最难得是分别以后依然会时时想起，依然能记得：你，是我的朋友。

我们可以失去很多，但不能失去的是朋友。也许有的朋友不能伴你一生，他只是你一生中的一个过客，但就是因为缘起缘灭，我们的生命才变得奇妙起来。至少，我们还记得朋友以及与朋友一起走过的岁月。

朋友是你 的财富

友情是什么？

友情是互帮互助，却从来不是一场交易，富贵时同享受，贫穷时同忍受，耐得住风浪的折磨，经得起时间的考验，没有什么华丽的辞藻，因为友情从来都是那么自然和简单。

"万两黄金容易得，知心一个也难求。"金钱在你时运不济、倒霉透顶的时候会逃跑，而真正的朋友却不会。仅此一点，金钱就早已被友情踩在了脚下，变得一文不值了。

在真正的友情面前，金钱是无关紧要的，无论你是富豪还是贫民，友情都不会有所改变，不带有功利性，不求回报，如果硬要让友情图点儿什么，它所求的就是感情地久天长。然而，真正的友情是不可能独立存在的，它的体现完全取决于"心"，当你觉得友情的价值远大于金钱的时候，它就会一直陪伴在你的身边，哪怕是没有分毫的报酬；当你觉得友情与金钱的碰撞处于下风时，那么友情也会像一位陌生人一样与你擦肩而过。如果你选择金钱，那么当你重重地摔在地上无人扶你一把时，当你四处碰壁孤立无援时，请别再抱怨。这是金钱和欲望为你设下的陷阱，既然是自己的选择，你就要独自吃下你舍弃友情所种下的苦果。金钱无情，朋友有情。朋友的帮助总会让原本很困难的事情迎刃而解，当你处在人生的重要转折点的时候，朋友的态度不会是冷眼旁观，有能力的会为你推波助澜；无能力的也会全心全意支持你。在你摔倒后，默默地为你拍拍身上的灰尘，给予你精神上无限的鼓励。关键时刻，友情是不会就此消失的，它会令你胜利就胜利得精彩，失败也会失败得温暖。

俗话说："人生得一知己足矣。""千金易得，朋友难求。"友情，是人生的一味中药，吃上去很苦，却益于身心；友情，是快乐生活的组成部分，让生活充满爱和喜悦；友情，更是那平淡无奇的清水，看似普通，却滋养了生命，富泽了人生。

人生的财富是无穷无尽的，无论是金钱还是权势，都不及友情来得可贵，缺乏朋友的人，即使他住豪宅，开名车，穿名牌，也只会感到无限的空虚。朋友才是永久的财富，只要带上"情谊"的感情色彩，它就永远不会贬值，安全地存在你内心的保险箱中。

以诚待人，也许一个微笑、一句温暖的问候就是一段友情的开始，认真地去爱这个世界，这个世界就会给你带来无限幸福。

不计得失，
君子之交淡如水

NI BU NULI
MEI REN NENG
GEINI XIANGYAO DE
SHENGHUO

有人说，友情如酒，经历的岁月愈久便愈香；有人说，友情似水，味虽淡，却沁人心脾，令人久久难忘。

的确，友情对一个人的成长是非常重要的。小的时候，有情同手足的伙伴，长大了有"心有灵犀一点通"的至交。正是这些知心朋友，在自己成长的路上给自己以莫大的鼓舞和奋发向上的力量，使自己不畏艰辛，跋山涉水，最终达到预定的目标。

还记得吗？当我们点燃生日蜡烛的时候，远方的朋友寄来了饱含深情的贺卡；还记得吗？在寒风凛冽、雪花飘飞的冬日里，仍在紧张忙碌的朋友也没忘记送来散发着温暖的问候。每当此时，我们又怎么能感受不到那如水晶般纯洁，比桃花潭水还深千尺的友情呢？

人生难得一知己，千古知音难觅，所以我们要好好珍惜这难得的缘分，珍惜来之不易的相聚、相识和相知。

音乐大师舒伯特年轻时十分穷困，但贫穷并没有使他对音乐的热忱减少一丝一毫。为了去听贝多芬的交响乐，他不惜卖掉自己仅有的大衣和上衣，这份狂热令所有的朋友为之动容。

一天，油画家马勒去看他，见他正为买不起作曲的乐谱而忧心忡忡，便不声不响地坐下，从包里拿出刚买的画纸，为他画了一天的乐谱线。

当马勒成为著名画家以后，弟子问他："您一生中对自己的哪幅画最满意？"马勒不假思索地答道："为舒伯特画的乐谱线。"其实，生活中最感人、最幸福的往往就是那些热忱和情谊。

古人说得好："君子之交淡如水。"这一个"淡"字，摒弃了虚伪，演绎了理智，淡化了沉湎，将友情的尺度把握得恰到好处。

有时候，友情浓如酒、浓于血，透露出真挚和深厚；有时，它又淡如水、淡如烟，散发出微微却恒久的芬芳。

真正的朋友之间不需要太多的客套，更容不得半点儿虚假。俗话说："千里送鹅毛，礼轻情意重。"真正的友情，更重视的是朋友之间情谊的深厚真挚，而不在乎其外在形式是否华美艳丽。

也许，你与好友不一定能够长久地共处一地，但你与好友彼此之间的深厚情谊却永远不会因双方之间的距离而有所改变。正所谓：海内存知己，天涯若比邻。

真正的友情是一杯酒，岁月愈久，味儿愈绵厚醇香，留存的时间也就越长。

第八章

战胜自己的人，
　才配得到上天的奖赏

埋进土里的种子，
才能长成大树

毋庸置疑，这个社会上没有哪个人是天生就自甘平庸的，谁都希望自己能"举世瞩目""风采照人"。然而，要想充分展示自我，被人认可，没有足够的资本是不可能"梦想成真"的。人们常说"要想人前显贵，须得人后受罪""台上一分钟，台下十年功"，没有"背后"和"台下"的低调历练，又哪来的"一飞冲天""一鸣惊人"呢？

京城有一家非常有名的中外合资公司，前往求职的人如过江之鲫，但由于其用人条件极为苛刻，求职者被录用的比例很小。从某名牌高校毕业的小李非常渴望进入该公司。于是，他给公司总经理寄去了一封短笺，结果很快他就被录用了。原来，打动该公司老总的不是他的学历，而是他那特别的求职条件——请求随便给他安排一份工作，无论多苦多累，他只拿做同样工作的其他员工 4/5 的薪水，但保证工作做得比别人出色。

进入公司后，他果然干得很出色，于是公司主动提出给他满薪。但他却始终坚持最初的承诺，比做同样工作的员工少拿 1/5 的薪水。

后来，因受所隶属的集团经营决策失误影响，公司要裁减部分员工，很多员工因此失业了。而他非但没有下岗，反而被提升为部门经理。这时，他仍主动提出少拿 1/5 的薪水，但他工作依然兢兢业业，是公司业绩最突出的部门经理。

后来，公司准备给他升职，并明确表示不让他再少拿薪水，还允诺给他相当诱人的奖金。面对如此优厚的待遇，他没有受宠若惊，反而出人意料地提出了辞呈，转而加盟了各方面条件均很一般的另一家公司。

很快，他就凭着自己非凡的经营才干赢得了新加盟公司上下一致的信赖，被推选为公司总经理，当之无愧地拿到一份远远高于那家合资公司的报酬。

当有人追问他当年为何坚持少拿1/5的薪水时，他微笑道："其实我并没有少拿1分的薪水，我只不过是先付了一点儿学费而已。我今天的成功，很大程度上取决于在那家公司里学到的经验……"。

高目标必须以低调为基点，这好比弹簧，压得越低，则弹得越高。只有安于低调，乐于低调，在低调中蓄养势力，才能获取更大的发展。小李的经历也正好说明了这一点，他通过自降身价来获取经验，当他的"翅膀"足够强硬时，他便毫不迟疑地为自己谋求到了更高、更精彩的人生舞台。那么，每一位想要展翅高飞的人士是不是都应该这样呢？

诚信，
比金钱更有价值

NI BU NULI
MEI REN NENG
GEI NI XIANGYAO DE
SHENGHUO

"诚信"就是诚实守信。"诚"和"信"二者的含义在本质上是相通的。许慎在《说文解字》中说："诚，信也。"又说：

"信，诚也。"二者互训。诚信的主要内容是既不自欺，亦不欺人，它包含了忠诚于自己和诚实地对待别人的双重意义。宋代著名的理学家周敦颐就把"诚"说成是"五常之本，百行之源"。

《礼记·大学》中说："诚其意者，毋自欺也。"朱熹也说："诚者何？不自欺、不妄之谓也。"

对个人而言，诚信就是要真心实意地加强个人的道德修养，存善去恶，言行一致，表里如一，对他人不存诈伪之心，不说假话，不办假事，开诚布公，以诚相待。一个人只有具备既不自欺又不欺人的优良品质，才能与他人建立和谐的人际关系。所以孟子说："诚者，天之道也；思诚者，人之道也。"他还指出，诚实才能打动人，即"至诚而不动者，未之有也；不诚，未有能动者也"。对此，后人也多有阐释。韩婴说："与人以诚，虽疏必密；与人以虚，虽戚必疏。"杜恕说："君臣有义矣，不诚则不能相临；父子有礼矣，不诚则疏；夫妇有恩矣，不诚则离。"

《河南程氏遗书》卷二则有这样的话："学者不可以不诚，不诚无以为善，不诚无以为君子。修学不以诚，则学杂；为事不以诚，则事败；自谋不以诚，则是欺其心而自弃其忠；与人不以诚，则是丧其德而增人之怨。"司马光认为："君子所感人者，其唯诚乎！欺人者，不旋踵人必知之；感人者，益久而人益信之。"

古人甚至认为诚信是"天之道也"，而且说："唯天下至诚，为能经纶天下之大经，立天下之大本，知天地之化育。"正如通常人们所说的"至诚通天""精诚所至，金石为开"。

"诚"如此重要，因而人们必须用它去规范自己的一切行为。否则，"不诚无物"，就会什么也干不成，什么也不会有。不诚，国家不会有忠臣孝子和清官廉吏；不诚，个人也不会有贞朋谅友，因为真挚的友谊同样需要用"诚"去获得。而如果言行不一，甚至虚伪奸诈，则必然会形影相吊、独而无友，缺乏良好的人际关系。

诚信为天下第一品牌。以诚待人，是成大事者的基本做人准则。做人做事，都要讲"诚信"二字，养成诚实守信的习惯，才能获得成功的青睐。

1835 年，摩根成为伊特纳火灾保险公司的股东。因为这家公司不用马上拿出现金，只需在股东名册上签上名字就可成为股东。这符合摩根没有现金但却能获益的设想。

就在摩根成为股东不久，有一家在伊特纳火灾保险公司投保的客户发生了火灾。如果按照规定完全付清赔偿金，保险公司就会破产。这一来，股东们一个个惊慌失措，纷纷要求退股。

摩根斟酌再三，认为自己的信誉比金钱更重要，于是他四处筹款，并卖掉了自己的住房，低价收购了所有要求退股的股东们的股票，然后他将赔偿金如数付给了投保的客户。

这件事过后，伊特纳火灾保险公司有了信誉的保证。

已经身无分文的摩根成为保险公司的所有者，但保险公司却已经濒临破产。无奈之中他打出广告：本公司为偿付保险金已竭尽所能，所以从现在开始，凡是再到本公司投保的客户，保险金一律加倍收取。

不料客户很快蜂拥而至。原来在很多人的心目中，伊特纳公司是最讲信誉的保险公司，这一点使它比许多有名的大保险公司更受欢迎。伊特纳火灾保险公司从此崛起。

许多年之后，摩根的公司已成为华尔街的主宰，而当年的摩根正是美国金融大亨摩根家族的创始人。其实成就摩根家族的并不仅仅是一场火灾，而是比金钱更有价值的信誉。

诚是一个人立足的根本，待人以诚，就是信义为要。荀子说："天地为大矣，不诚则不能化万物；圣人为知矣，不诚则不能化万民；父子为亲矣，不诚则疏；君上为尊矣，不诚则卑。"诚能化万物，也就是所谓的"诚则灵"，这正说明了诚的重要性。相反，心不诚则不灵，行则不通，事则不成。一个心灵丑恶、为人虚伪的人根本无法取得人们的信任。明人朱舜水说得更直接："修身处世，一诚之外便无余事。故曰：'君子诚之为贵。'自天子至于庶人，未有舍诚而能行事也；今人奈何欺世盗名矜得计哉？"所以，诚是君子之所守也，政事之本。只有保证诚信的人，才能获得别人的支持。

　　真诚待人、真诚做事，这是成功者必备的品质之一。只有具备了这种品质，人才会敞开心扉给人看，使人们了解他、接纳他、帮助他、支持他，使他的事业获得成功，使他受到人们的尊重和敬仰。因此，我们应养成真诚待人的习惯，用真诚的心灵赢得事业上的成功。

　　人与人的感情交流是具有相互性的。只有敞开自己的心扉，真诚待人、肝胆相照、赤诚相见，才会与他人心心相印。为人处世如果离开了真诚，则无友谊可言，只有一个真诚人的心声才能唤起一大群真诚人的共鸣。"投之以木桃，报之以琼瑶。"我们待人接物应秉持真诚的品性。也只有这样，我们每个人的心灵才会美好而快乐，才会愉快地过好每一天，才会在事业上获得更多真诚的帮助。

盛时当作衰时想，
上场当念下场时

NI BU NULI
MEI REN NENG
GEINI XIANGYAO DE
SHENGHUO

　　一个久握重权、身居高位的人，一旦跌下来，就会惨不可言，即使想成为平民百姓、过贫苦的生活都不可能。其实权力和富贵都是双刃剑，控制得宜便身享荣华，否则大祸立至，先前所拥有和享受的，也正是转头来毁掉自己的。

南宋的韩侂胄在南海县任县令时，曾聘用了一个贤明的书生。韩侂胄对他十分信任。韩侂胄升迁后，两人就断了联系。

一天，那位书生忽然来到韩府，求见韩侂胄。韩侂胄见到他十分高兴，要他留下做幕僚，给他丰厚的待遇。这位书生虽无意仕途，但无奈韩侂胄执意不放他走，所以他只好答应留一段时间。

韩侂胄视这位书生为心腹，与他几乎无话不谈。不久，书生就提出要走，韩侂胄见他去意甚坚，无法挽留，便答应了，并设宴为他饯行。两人一边喝酒，一边回忆在南海共事的情景，相谈甚欢。到了半夜，韩侂胄屏退左右，把座位移到这位书生的面前，问他："我现在掌握国政，谋求国家中兴，外面的舆论怎么说？"

这位书生长叹一声，端起一杯酒一饮而尽，然后叹息着说："您的家族如今深患灭顶之灾，我还有什么好说的呢？"

韩侂胄问："何以见得呢？"

这位书生用疑惑的眼光看了韩侂胄一下，摇了摇头，似乎为韩侂胄至今毫无察觉感到奇怪："危险昭然若揭，您为何视而不见？册立皇后，您袖手旁观，皇后肯定对您怀恨在心；确立皇太子，您也并未出力，皇太子怎能不仇恨您；朱熹、彭龟年、赵汝愚等一批理学家被时人称作贤人君子，而您欲把他们撤职流放，士大夫们肯定对您深恶痛绝；您积极主张北伐，倒没有不妥之处，但战争中我军伤亡颇重，三军将士的白骨遗弃在各个战场上，全国到处都能听到阵亡将士亲人的哀哭声，这样一来军中将士难免要怨恨您；北伐的准备使内地老百姓承受了沉重的军费负担，贫苦人几乎无法生存，所以普天下的老百姓也会归罪于您。试问，您以一己之身怎能担当起这么多的怨气仇恨呢？"

韩侂胄听了大惊失色，汗如雨下，惶恐了许久才问："你我名为上下级，实际上我待你亲如手足，你能见死不救吗？你一定要教我一个自救的办法！"

这位书生再三推辞，韩侂胄哪里肯依，固执地追问不已。这位书生最后才说："办法倒是有一个，但我恐怕说了也是白说。"

书生诚恳地说："我亦衷心希望大人您这次能采纳我的建议！当今的皇上倒还洒脱，并不十分贪恋君位。如果您迅速为皇太子设立东宫建制，然后以昔日尧、舜、禹禅让的故事劝说皇上及早把大位传给皇太子，那么，皇太子就会由仇视您转变为感激您了。太子一旦即位，皇后就被尊为皇太后。那时，即使她还怨恨您，也无力再报复您了。然后，您就可以趁着辅佐新君的机会刷新司政。您要追封在流放中死去的贤人君子，抚恤他们的家属，并把活着的人召回朝中，加以重用。这样，您和士大夫们就重归于好了。你还要安定边疆，不要轻举妄动，并重重犒赏全军将士，厚恤死者，这样就能消除与军队间的隔阂。您还要削减政府开支，减轻赋税，尤其要罢除以军费为名加在百姓头上的各种苛捐杂税，使老百姓尝到起死回生的快乐。这样，老百姓就会称颂您。最后，你要选择一位当代的大儒，把职位交给他，自己告老还家。您若做到这些，或许可以转危为安、变祸为福。"

但可惜，韩侂胄一来贪恋权位，不肯让贤退位；二来他北伐中原、统一天下的雄心尚在；三来他怀抱侥幸心理，认为自己绝对不会如此背运。所以，他明知自己处境危险，却仍不肯急流勇退。他只是把这个书生强行留在自己身边，以便及时应变。这位书生见韩侂胄不可救药，为免受池鱼之殃，没多久就离开了。

后来，韩侂胄发动的"开禧北伐"遭到惨败。南宋被迫向北方的金求和，金则把追究首谋北伐的"罪责"作为议和的条件之一。开禧三年，在朝野中极为孤立的韩侂胄被南宋朝廷杀害。后来，被凿开棺木，割下头颅，他的首级被装在匣子里送到了金。那位书生的话应验了。

权势到手，确实令人身价百倍，也可以令人荣华富贵、风光无限。但是稍有不慎，大难临头，权力旁落，后果也就自然连普通百姓都不如。

因此，"盛时当作衰时想，上场当念下场时"，在志得意满时，一定要学会低调，这样才能避免灾难性的后果。

当你学会谦让，
人生才会无比顺当

NI BU NULI
MEI REN NENG
GEINI XIANGYAO DE
SHENGHUO

　　生活中总是存在这样那样的规则，不会因为我们没有察觉就消失，更不会因为我们的无知就轻而易举地宽恕我们。因此我们要步步留神，一旦你一不小心碰触了这些隐蔽的雷区，等待你的也许就是毁灭性的打击。

　　孙兴是一名名牌大学毕业生，他到一家大公司去应聘，被录用了。而后，他主动找到公司人事主管，说自己不怕苦累，只是希望能到挣钱多的岗位上工作。原因是他是农村来的大学生，几年大学下来，花光了家里的所有积蓄，还欠了不少外债。人事主管很同情他，把他分配到了营销部当推销员。因为这家公司生产的健身器材很畅销，推销员都是按销售业绩来算收入，因此尽管孙兴是个新手，但他吃苦耐劳、聪颖好学，一年下来，

第八章　战胜自己的人，才配得到上天的奖赏 / 175

得到的薪金比其他部门的员工多出好几倍。由此，他也就下定决心在营销部干下去。

时间长了，他渐渐发现了营销部里一些工作上的疏漏，管理也不规范。因此他除了不断加强与客户的联系外，还把心思用到了营销部的管理上，经常向经理提出一些意见，希望凭借自己的才能得到上司的赏识。对此，经理总是回答说："你提出的意见很好，可我现在实在太忙了，抽不开身，改进工作以后再说吧。"经过几次和经理谈话，孙兴发现一个秘密，那就是营销部墙上的组织结构图表中有副经理一职，可他到营销部已近半年，却从未见过副经理，难怪部里有些工作无人管理呢。

随后，孙兴通过打听了解到，营销部副经理的薪金高过推销员好几倍。于是，他萌发了担任营销部副经理一职的想法。想了就干，"初生牛犊不怕虎"，有抱负又何惧众所周知？于是在一次营销部全体员工会议上，他坦陈了自己的想法，经理当众表扬并肯定了他。可没想到，自那次会议后，孙兴的处境却越来越被动了。他初来乍到，并不知道那个副经理之职已有许多人在暗中等待和争夺，迟迟没有定下来的原因就在于此。而孙兴的到来，开始并未引起人们的关注，因他只是个"小雏"，羽翼未丰，不足刮目相看。但时间一长，他频频问鼎此事，又加之他有学历，人们便感到他的威胁了。这次他又公然地要争这个职位，无疑是捅了马蜂窝，大家越看他越不顺眼。一时间，控告他的材料堆满了经理的办公桌，如"孙兴不讲内部规定踩了我客户的点""他泄漏了我们的价格底线""他抢了我正在谈判中的生意"……这些控告中的任何一项都是一个推销员所承受不了的。于是，为了安定部里的情绪，不致影响营销任务，经理与人事部门商定，一纸通牒令下，让孙兴"心不甘，情不愿"地离开了公司。

孙兴的遭遇对于当代许多人来说，实在是一堂生动的教育课。是的，"志当存高远"，一个年轻人，志向就应该远大。但是，如果自恃有远大抱负就目空一切、咄咄逼人，那只会招来更多人的厌恶。失去了别人的支持和帮助，再大的志向、再高的才能又有什么用呢？倒不如把这些高远的志愿埋在心里，低调做人，平和行事。这样避免了纷争，反倒更利于立身、处世。

唤醒你的潜能，
人生无所不能

NI BU NULI
MEI REN NENG
GEINI XIANGYAO DE
SHENGHUO

在人的身体和心灵里面，有一种永不堕落、永不败坏、永不腐蚀的东西，这便是潜伏着的巨大力量。而一切真实、友爱、公道与正义，也都存在于生命潜能中。每个人体内都有着巨大的潜能，这种力量一旦被唤醒，即便在最卑微的生命中它也能像酵母一样，对人的身心起发酵净化作用，增强人的力量。

潜能不仅能够开发，而且能被创造。那么，人的潜能到底

可以开发到何种程度呢？相信下面的故事会给你一个答案。

一块铁块的最佳用途是什么呢？第一个人是个技艺不纯熟的铁匠，而且没有要提高技艺的雄心壮志。在他的眼中，这块铁块的最佳用途莫过于把它制成马掌，他为此还自鸣得意。他认为这块粗铁块每千克只值两三分钱，所以不值得花太多的时间和精力去加工它。他强健的肌肉和三脚猫的技术已经把这块铁的价值从1美元提高到10美元了，所以对于这个结果他已经很满意。

此时，来了一个磨刀匠，他受过一点儿训练，有一点儿雄心和更高的眼光。他对铁匠说："这就是你在那块铁里见到的一切吗？给我一块铁，让我来告诉你，头脑、技艺和辛劳能把它变成什么。"他对这块粗铁看得更深些，他研究过很多煅冶的工序，他有工具，有压磨抛光的轮子，有烧制的炉子。于是，铁块被熔化掉，碳化成钢，然后被取出来，经过煅冶被加热到白热状态，然后又被投入到冷水中增强韧性，最后又被细致耐心地进行压磨抛光。当所有这些都完成之后，奇迹出现了，它竟然变成了价值2000美元的刀片。铁匠惊讶万分，因为自己只能做出价值仅10美元的粗制马掌。而经过提炼加工，这块铁的价值已被大大提高了。

另一个工匠看了磨刀匠的出色成果后说："如果依你的技术做不出更好的产品，那么能做成刀片也已经相当不错了。但是你应该明白这块铁的价值你连一半都还没挖掘出来，它还有

更好的用途。我研究过铁，知道它里面藏着什么，知道能用它做出什么来。"

与前两个工匠相比，这个工匠的技艺更精湛，眼光也更犀利。他受过更好的训练，有更高的理想和更坚韧的意志力，他能更深入地看到这块铁的分子——不再局限于马掌和刀片，他用显微镜般精确的双眼把生铁变成了精致的绣花针。他已使磨刀匠的产品的价值翻了数倍，他认为他已经榨尽了这块铁的价值。当然，制作精致的绣花针需要有比制造刀片更精细的工序和更高超的技艺。

但是，这时又来了一个技艺更高超的工匠，他的头脑更灵活，手艺更精湛，也更有耐心，而且受过顶级训练。他对马掌、刀片、绣花针不屑一顾，他用这块铁做成了精细的钟表发条。别的工匠只能看到价值仅几千美元的刀片或绣花针，而他那双犀利的眼睛却看到了价值 10 万美元的产品。

也许你会认为故事应该结束了，然而，故事还没有结束，又一个更出色的工匠出现了。他告诉我们，这块生铁还没有物尽其用，他可以让这块铁造出更有价值的东西。在他的眼里，钟表发条也算不上上乘之作。他知道用这种生铁可以制成一种弹性物质，而一般粗通冶金学的人是无能为力的。他知道，如果锻造时再细心些，它就不会再坚硬锋利，而会变成一种特殊的金属，拥有许多新的特质。

这个工匠用一种犀利的眼光看出，钟表发条的每一道制作工序都还可以改进，每一个加工步骤都还能更加完善，金属质地也还可以再精益求精，它的每一条纤维、每一个纹理都能做得更完善。于是，他采用了许多精加工和细致锻造的工序，成功地把他的产品变成了几乎看不见的精细的游丝线圈。一番艰苦劳作之后，他梦想成真，把仅值1美元的铁块变成了价值100万美元的产品，同样重量的黄金的价格都比不上它。

但是，铁块的价值还没有完全被发掘，还有一个工人，他的工艺水平已是登峰造极。他拿来一块铁，精雕细刻之下所呈现出的东西使钟表发条和游丝线圈都黯然失色。待他的工作完成之后，别人见到了牙医常用来勾出最细微牙神经的精致钩状物。1千克这种柔细的带钩钢丝——如果能收集到的话——要比黄金贵几百倍。

铁块尚有如此挖掘不尽的财富，何况人呢？我们每个人的体内都隐藏着无限丰富的生命能量，只要我们不断去开发，它就可以是无限大的。

一个人一旦能对其潜能加以有效地运用，他的生命便永远不会陷于贫困的境地。要想把你的潜能完全激发出来，首先你必须要自信，这样你才可能一往无前地继续下去，直至你的能量被毫无保留地释放出来。

"勇往直前"是罗斯柴尔德的终身格言，其实也可以说，它是这个世界上成功的人的共同格言。当杜邦对法拉格海军少将报告他没有攻下查理士登城，并为之寻找种种借口时，少将严肃地予以了回击："还有一个理由你不曾提及，那就是，你根本不相信你自己可以把它攻下！"

能够成就伟业的，永远是那些相信自己能力的人，那些敢于想人所不敢想、为人所不敢为的人，那些不怕孤立的人，那些勇敢而有创造力、往前人所未曾往的人。无畏的气概，富于创造的精神，是所有勇往直前的伟人的特征，一切陈旧与落后的东西，他们都从不放在眼里。

敢于打破常规，并且按自己的道路一往无前地走下去，是许多历史上的伟大人物的共同特征。拿破仑在横扫全欧时，更是置一切以前的战法于不顾，敢于破坏一切战事的先例。格兰特将军在作战时，不按照军事学书本上的战争先例行事，然而正是他结束了美国南北战争。有毅力、有创造精神的人，总是先例的破坏者。只有懦弱、胆小、无用的人，才不敢打破常规，他们只知道循规蹈矩、墨守成规。在罗斯福总统眼里，白宫的先例、政治的习惯，全都失去了效力。无论在什么位置上——警监、州长、副总统、总统，他都能坚持"做我自己"。他身上所散发出来的那种无畏的力量大半来自于此。皮切尔·勃洛克在大名鼎盛时，数百名年轻牧师竞相模仿他的风度、姿态、语气，但在这些模仿者中间，却没有人成就过什么。模仿他人是永远不可能成功的，无论被模仿的人如何成功、多么伟大。因为成功是创造出来的，它是一种自我表现。一个人一旦远离他"自己"，他就失败了。

在这个世界上，那些模仿者、尾随人后者、循行旧轨者绝不受人欢迎。世界需要有创造能力的人，需要那种能够脱离旧轨道、闯入新境地的人。只要有目标并且一往无前，到处都有这种人的出路，到处都需要他，因为他可以发挥全部的潜能去获取成功。

能够带着你向目标迈进的力量就蕴藏在你的体内，它就在你的潜能、你的胆量、你的坚韧力、你的决心、你的创造精神及你的品性中！

成功开始于你的想法，
圆梦取决于你的行动

NI BU NULI
MEI REN NENG
GEINI XIANGYAO DE
SHENGHUO

丹·禾平大学毕业的时候，恰逢经济危机，失业率很高，所以工作很难找。试过了投资银行业和影视行业之后，他找到了开展未来事业的一线希望——去卖电子助听器，赚取佣金。谁都可以做那种工作，丹·禾平也明白，但对他来说，这个工作为他敲开了成功的大门，他决定努力去做。

在近两年的时间里，他不停地做着一份自己并不喜欢的工作，如果他安于现状，就再也不会有出头之日。但是，首先他便瞄准了业务经理助理一职，并且取得了该职位。往上升了这一步，便足以使他鹤立鸡群，看得见更好的机会，这是一个崭新的开始。

丹·禾平在助听器销售方面渐渐卓有建树，以致公司生意上的对手——电话侦听器产品公司的董事长安德鲁想知道丹·禾平是凭什么本领抢走自己公司的大笔生意的。他派人去找丹·禾平面谈。面谈结束后，丹·禾平成了对手公司助听器部门的新经理。然后，安德鲁为了试试他的胆量，把他派到了人生地不熟的佛罗里达州3个月，以考验他的市场开拓能力。结果他没有沉下去！洛奈德"全世界都爱赢家，没有人可怜输家"的精神驱使他拼命工作，结果他被选中做公司的副总裁。一般人要是在10年誓死效忠地打拼之后能获得这个职位，就已被视为无上荣耀，但丹·禾平却在6个月不到的时间里如愿以偿。

就这样，丹·禾平凭着强烈的进取心，在短期内取得了优秀的成绩，登上了令人羡慕的位置。

"一生之计在于勤"，是说人生每日都应当积极做事，不断地有所行动。而进取精神则是讲人生在世，应当不断地发展自己、不断地丰富自己。在眼界上，努力求取新的知识，思考新的问题；在事业上，努力争取年年有所变化。用现在的说法是：不断地否定自己，不断地超越自己，不断地给自己树立新的目标。

主动进取是一种对人生的热爱、对生活的激情，而其基点就在于对人生价值的理解。如果一个人缺乏对生活的热爱、激情，那就有可能是弄虚作假的矫情，它就不可能持久，不可能永远充满生机。

　　主动进取是一种永不停顿的满足。其实，在中华民族几千年的历史中，到处可以看到中国人积极进取的精神。中国有许多优美的、动人的传说，如"夸父逐日""精卫填海""大禹治水"，所反映的就是一种可贵的自强不息的精神。

　　主动进取是一种创造。有主动进取心的人不会轻易接受命运的安排，他们不沉迷于过去，不满足于现在，而是着眼于未来，勇敢地走前人未走过的路，大无畏地开创一个美好的世界，以一种"想人之所未想，见人之所未见，做人之所未做"的姿态出现在世人面前。

　　主动进取是一种搏击。主动进取的人能经受住各种挫折和困难的考验，不灰心，不动摇，迎着困难上，并笑对困难。"霜冻知柳脆，雪寒觉松贞"，中庸、调和不是他们的人生信条。这类人自信，不会轻易放弃自己的抱负，不会轻易承认自己的失败。他们不悲观，不绝望，

他们坚强、勤奋、无畏，勇敢地与命运抗争。

主动进取是自我的完善。积极进取的人永远是自己掌握自己的命运，根据自己的水平、能力去与命运挑战，而不是让命运来选择自己，所以他们的自我发展是健康的、完善的、美好的。

对主动者来说，主动永无止境！

具有主动性的人，在各行各业中都会是出类拔萃的人才。主动是行动的一种特殊形式，不用别人告诉你做什么，你就已经开始做了。

因此，想要培养积极进取心的人首先要做到以下两点。

1. 要做一个主动创新的人

当你认为有某一件事情应该做的时候，就主动去做。你想孩子们的学校有更好的设施吗？那就主动找人商量或集资去购置这些设施。你认为你的公司应该创立一个新部门，开发一项新产品吗？那就主动提出来。

主动进取的人也许一开始要独立创业，但如果你的想法是积极可取的，不久，你就会有志同道合的合伙人。

2. 要有出类拔萃的愿望

请观察你身边的成功者，他们是积极分子还是消极分子？无疑，他们中 10 个有 9 个都是积极分子、实干家。那些袖手旁观、消极、被动的人带不了头，而那些实干家们强调的是行动，所以他们会有许多追随者。

从来没有人因为只说不做、等到别人告诉自己该做什么的时候才去做而受到赞赏和表扬的。我们都相信干实事的人，因为他们知道自己在做什么。

拿破仑·希尔认为："行动并不表示不讲效率，效率就是第一次就把事情做对。"

千万不要粗制滥造，那样的行动会令你更慢。我们每天都要想：如何增加效率？如何改善流程？如何让我们的产品或服务更好？如何能够满足更多顾客的需求？这是每一个成功人士每天都会思考的问题。

然而，很少有人能够有系统地思考如何提升做事的效率。效率的改变，来自于观察问题的真正根源所在；效率的改变，来自于分析事情的优先顺序；效率的改变，来自于自觉。

一位心理学家说："自觉是治疗的开始。"这句话非常有道理。

你要学会高效地行动、学习和工作，懂得利用时间、善用资源，必须以最短的时间和最少的资源产生最大的效益，这样才能确保成功。

记住！在每天行动前必须思考自己做事的效率和做事的品质，这些是成功不可或缺的。那么，在具体实践中该如何提高行动效率呢？我们可以从以下几个方面入手。

1. 确定最重要的事

确定了事情的重要性之后，不等于事情会自动办好。你或许要花大力气才能把这些重要的事情做好。而要确定最重要的事，你肯定要费很大的劲。商业及电脑巨子罗斯·佩罗说："凡是优秀的、值得称道的东西，每时每刻都处在刀刃上，要不断努力才能保持刀刃的锋利。"下面是有助于你做到这一点的三步计划。

（1）从目标、需要、回报和满足感四方面对将要做的事情作一个评估。

（2）删掉不必要做的事，把要做但不一定要你做的事委托别人去做。

（3）记下你为达到目标必须做的事，包括完成任务需要多长时间、谁可以帮助你完成任务等。

2. 分清事情的主次关系

在确定每一年或每一天该做什么之前，你必须对自己应该如何利用时间有更全面的看法。要做到这一点，有四个问题你要问自己。

（1）我要成为什么？只有明白自己将来要干什么，我们才能持之以恒地朝这个目标不断努力，把一切和目标无关的事情统统抛弃。

（2）哪些是我非做不可的？我需要做什么？要分清缓急，还应弄清自己需要做什么。总会有些任务是你非做不可的，但重要的是，你必须分清某个任务是否一定要做，或是否一定要由你去做。

（3）什么是我最擅长做的？人们应该把时间和精力集中在

自己最擅长的事情上，即会比别人干得出色的事情上。关于这一点，我们可以遵循 80 ：20 法则：人们应该用 80% 的时间做最擅长的事情，而用 20% 的时间做其他事情，这样使用时间是最具有战略眼光的。

（4）什么是我最有兴趣做的？无论你地位如何，你总需要把部分时间用于做能带给你快乐和满足感的事情。这样你才会始终保持生活热情，因为你的生活是有趣的。有些人认为，能带来最高回报的事情就一定能给自己最大的满足感。其实不然，这里面还有一个兴趣问题，只有做感兴趣的事才能带给你快乐，给你最大的满足感。

一个人之所以成功，不是上天赐给的，而是日积月累自我塑造的，所以千万不能存有侥幸的心理。幸运、成功永远只会属于辛劳的人，属于有恒心、不轻言放弃的人，属于能坚持到底的人。

愿每天叫醒你的是梦想

NI BU NULI
MEI REN NENG
GEINI XIANGYAO DE
SHENGHUO

德国著名哲学家黑格尔认为：“一个大有成就的人，他必须如歌德所说，知道限制自己。反之，那些什么事情都想做的人，其实什么事都不能做，而最终归于失败。”

黑格尔的话说的其实就是一个专注问题。其实专注是一种非常重要的心态，这就好比一棵树，必须剪去旁枝才能长得高大粗壮。同理，你只有把心中的一切杂念清除得干干净净，向着你的目标向前挺进，才会最终走向成功。

平庸者成功和聪明人失败一直是令人惊奇的事。人们疑惑不解，为什么许多成功者大都资质平平，却取得了超乎寻常的成就？其实原因很简单，那些看似愚钝的人有一种顽强的毅力和一股"滴水穿石"的专注精神。他们能专注于一个领域，集中精力，耕耘不辍，一步一步地积累自己的优势。而那些所谓智力超群、才华横溢的人却常常四处涉猎、用心不专，以致最终一事无成。

正因为如此，大凡造诣精深的人，都能自觉地约束自己，以减少旁枝，从而心无旁骛、一心一意地投入到自己所从事的事业中去。

英国科学家弗朗西斯·克里克在 1962 年因参与测定脱氧核糖核酸的双螺旋结构而荣获诺贝尔奖。获奖后，登门来访和求见他的人络绎不绝。为此，他设计了一份通用的"谢绝书"，上面写道：

"克里克博士对来访者表示感谢，但十分遗憾，他不能因您的盛情而给您签名、赠送相片、为您治病、接受采访、接受来访、发表电视讲话、在电视中露面、赴宴后做演讲、充当证人、为您的事业出力、阅读您的文稿、做一次报告、参加会议、担当主席、充当编辑、写一本书、接受名誉学位……"

对很多人求之不得的待遇和荣誉，克里克都一概拒绝了。但这并不表明他是一个不食人间烟火、缺乏生活乐趣的人，而只是因为他明白，自己一旦屈从，则再不能保证从事科学研究的时间。如果向克里克请教成功的秘诀，他也会像茨威格那样说："聚精会神，集中所有的力量，完成一项工作。"

专注对任何人来说都是有重要意义的。大物理学家牛顿经常感慨地说："心无二用！"有一次，给他做饭的老太太有事要出去，告诉牛顿鸡蛋放在桌子上，要他自己煮鸡蛋吃。过了一会儿，老太太回来了，她掀开锅盖一看，大吃一惊：锅里竟然有一只怀表！原来，这块怀表刚才放在鸡蛋旁边，而牛顿因为忙于运算，错把怀表当鸡蛋煮了。又有一次，牛顿牵着马上山，走着走着他突然想起了研究中的某个问题。他专注地思考着，不由得松开了手，放掉了马的缰绳。马跑了，他却全然不知。直到走上山顶，前面没了路时，牛顿才从沉思中清醒过来，发现手中牵着的马跑了。正是因为这样心无二用，牛顿才成就了他伟大科学家的美名。

正所谓"不聚焦就不能燃烧"，凡大学者、科学家取得的成就，无一不是"聚焦"的功劳。

一山一石、一花一鸟、只言片语，我们都能从中看出生命来，看出精神来，看出人品来。有些人即使和我们相隔千山万水，相隔千年万代，可是我们仍然能从他的只言片语中想象出他的为人。这些便是精神专注的功夫。

从古至今，在事业上、艺术上有所成就的人，无不是心无二志、专注勤勉的人。因此，我们在追求成功、实现理想的道路上必须学会舍弃一些东西。只有这样，才能避免无谓的精力浪费，从而更加集中才智，将一件事情做大、做精、做强。

老子曾说过："大的洁白，是知白守黑，和光同尘，故而若似垢污；大的方正，是方而不割，廉而不刿，故谓没有棱角；博大之器，是经久历远，厚积薄发，故而积久乃成；浩大之声，过于听之量，故而不易听闻；庞大之象，超乎视之域，故而具体无形。"

一个希望成大器的人，重要的是要经历长期的磨炼。"长历磨难，方成大器。"这实在是一句至理名言。尤其是年轻人，更应将此句作为座右铭。只有耐得住寂寞，抱定长期吃苦耐劳的决心，而不是急功近利，才能磨炼自己的匠人品格，才能增长自己的见识，才能锻炼和培养自己正确判断现实、富有远见的眼力。

荀子在《劝学》中写道："君子曰：学不可以已。青，取之于蓝，而青于蓝；冰，水为之，而寒于水。木直中绳，𫐓以为轮，其曲中规，虽有槁暴，不复挺者，𫐓使之然也。故木受绳则直，金就砺则利，君子博学而日参省乎己，则知明而行无过矣！"

这段话的意思是：学习是不可以停止的。靛青，是从蓝草中提取的，却比蓝草的颜色还要青；冰，是由水凝固而成的，却比水还要寒冷。木材笔直，合乎墨线，（如果）把它烤弯做成车轮，（那么）木材的弯度（就）合乎圆的标准了。即使再干枯了，（木材）也不会再挺直，因为经过加工，它已经成为这样的了。所以木材经过墨线测量就能取直，金器在磨刀石上磨过就能变得锋利，而君子广泛地学习并每天检查反省自己，他就会聪明多智，行为就不会有过错了。

另外，荀子还认为："积土成山，风雨兴焉；积水成渊，蛟龙生焉；积善成德，而神明自得，圣心备焉。故不积跬步，无以至千里；不积小流，无以成江海。骐骥一跃，不能十步；驽马十驾，功在不舍。"意思是说，堆积土石成了高山，风雨就从那里兴起了；汇积水流成为深渊，蛟龙就从那里产生了；积累善行养成高尚的品德，精神就能达到很高的境界，智慧也能得到发展，圣人的思想也就具备了。所以不积累小步，就没有办法达到千里之远；不积累细小的流水，就没有办法汇成江河大海。骏马跳跃一次，也不足十步远；劣马拉车走十天，也能走得很远，它的成功就在于不停地走。这是在告诫我们，学习并非朝夕之功，不能一蹴而就。我们必须锲而不舍，才可能有朝一日"知明而行无过"。

第九章

最糟糕的境遇
有时只是美好的转折

坚持是寂寞的，
但我们需要它

　　四时有更替，季节有轮回，严冬过后必是暖春，这是大自然的发展规律。在我们人类眼中，事物的发展似乎也遵循着这一条规律，否极泰来、苦尽甘来、时来运转等成语无不反映了人们的一种美好愿望：逆境达到极点就会向顺境转化，坏运到了尽头好运就会到来。所以，我们坚信，没有一个冬天不可逾越，没有一个春天不会来临。这是对生活的信心，也是对生活的希望，有了信心与希望，无论事情多糟糕，我们也会有面对现实的勇气和决心。

　　约翰是一个汽车推销商的儿子，是一个典型的美国孩子。他活泼、健康，热衷于篮球、网球、垒球等运动，是中学里一个众所周知的优秀学生。后来约翰应征入伍，在一次军事行动中，他所在

部队被派遣驻守一个山头。激战中，突然一颗炸弹飞入他们的阵地，眼看即将爆炸，他果断地扑向炸弹，试图将它丢开。可是炸弹却爆炸了，他重重地倒在地上，当他向后看时，发现自己的右腿、右手全部炸掉，左腿变得血肉模糊，也必须截掉了。一瞬间他想哭，却哭不出来，因为弹片穿过了他的喉咙。人们都以为约翰再也不能生还，但他却奇迹般地活了下来。

　　是什么力量使他活了下来？是格言的力量。在生命垂危的时候，他反复诵读贤人先哲的这句格言："如果你懂得苦难磨炼出坚韧，坚韧孕育出骨气，骨气萌发不懈的希望，那么苦难最终会给你带来幸福。"约翰一次又一次默念着这句话，心中始终保持着不灭的希望。然而，对于一个三截肢（双腿、右臂）的年轻人来说，这个打击实在太大了！在深深的绝望中，他又看到了一句先哲格言："当你被命运击倒在最底层之后，再能高高跃起就是成功。"

回国后，他从事了政治活动。他先在州议会中工作了两届。然后，他竞选副州长失败。这是一次沉重的打击。但他用这样一句格言鼓励自己："经验不等于经历，经验是一个人经过经历所获得的感受。"这指导他更自觉地去尝试。紧接着，他学会驾驶一辆特制的汽车并跑遍全国，发动了一场支持退伍军人的事业。那一年，总统命他担任全国复员军人委员会负责人，那时他34岁，是在这个机构中担任此职务最年轻的一个人。约翰卸任后，回到自己的家乡。1982年，他被选为州议会部长，1986年再次当选。

　　后来，约翰成为亚特兰城一个传奇式人物。人们经常可以在篮球场上看到他摇着轮椅打篮球。他经常邀请年轻人与他进行投篮比赛。他曾经用左手一连投进了18个空心篮。

　　有一句格言说："你必须知道，人们是以你自己看待自己的方式来看你的。你对自己自怜，人家则会报以怜悯；你充满自信，人们会待以敬畏；你自暴自弃，多数人就会嗤之以鼻。"一个只剩一条手臂的人能成为一名议会部长，能被总统赏识担任一个全国机构的要职，是这些格言给了他力量。同时，他的成功也成了这些格言的有力佐证。

　　天无绝人之路，生活有难题，同时也会给我们解决问题的能力与方法。约翰之所以能够生存下来并创造事业的辉煌，是因为他坚信人生没有过不去的坎儿，坚信冬天之后春天会来临。他在困难面前没有低头，昂首挺进，直至迎来了生命的春天。

生活并非总是艳阳高照，狂风暴雨随时都有可能来临。但是每一个人都需要将自己重新打理一下，以一种勇敢的人生姿态去迎接命运的挑战。请记住，冬天总会过去，春天总会来到，太阳也总要出来的。度过寒冬，我们一定会生活得更好。

心中只要有光，就不惧怕黑暗

NI BU NULI
MEI REN NENG
GEINI XIANGYAO DE
SHENGHUO

多年以前，美国有一家报纸刊登了一则园艺所重金征求纯白金盏花的启事，在当地轰动一时。高额的奖金让许多人趋之若鹜，但在千姿百态的自然界中，金盏花除了金色的就是棕色的，培植出白色的，不是一件易事。所以许多人一阵热血沸腾之后，就把那则启事抛到九霄云外去了。

一晃就是 20 年，一天，那家园艺所意外地收到了一封热情的应征信和一粒纯白金盏花的种子。当天，这件事就不胫而走，引起轩然大波。

寄种子的是一个年逾古稀的老人。老人是一个地地道道的爱花人。20 年前当她偶然看到那则启事后，便怦然心动。她不顾 8 个儿女的一致反对，义无反顾地干了下去。她撒下了一些最普通的种子，精心侍弄。一年之后，金盏花开了，她从那些金色的、棕色的花中挑选了一朵颜色最淡的，任其自然枯萎，以取得最好的种子。次年，她又把它种下去。然后，再从这些花中挑选出颜色最淡的花种栽种……日复一日，年复一年。终于，20年后的一天，她在那片花园中看到一朵金盏花，它不是近乎白色，也并非类似白色，而是如银如雪的白。一个连专家都解决不了的问题，在这位不懂遗传学的老人手中迎刃而解，这不是奇迹吗？

方法错了，
努力就是浮云

NI BU NULI
MEI REN NENG
GEINI XIANGYAO DE
SHENGHUO

克莱克·凯·伍德的母亲对在当地电台工作的儿子很有意见，因为年纪轻轻的儿子偏偏留着小胡子，她不喜欢儿子这样，因为这样显得太老成了。她多次劝说儿子剃掉胡子，都未奏效。

当克莱克·凯·伍德为本地的公共电台筹措资金时，电台的接线员告诉他，一位妇女打电话说，如果克莱克·凯·伍德把他那让人讨厌的小胡子剃掉的话，她愿意捐赠100美元。为了工作，克莱克·凯·伍德决定接受这个条件，晚上回到家里，他便把胡子剃得干干净净。

第二天，支票果然寄来了，可是汇款人栏上却是他母亲的名字。

伍德的母亲用智慧的爱剃掉了他的胡子。当克莱克·凯·伍德成了美国著名电视节目主持人后，说到此事时还激动得热泪盈眶。

这份情感让人非常感动。但是，好心也要用对地方，否则不但会添乱，还会把事情搞砸。

胡强的爷爷喜欢留长长的胡子，随着年龄的增长，长胡子给他带来了很多不便。每次一口痰吐不好，就会流一胡子，还影响吃饭。而且，一些顽皮的孩子老是以拽他的胡子为乐。胡强的爸爸看着很难受，便多次劝胡强的爷爷把胡子剃掉，可是怎么都劝服不了他。

胡强看在眼里，急在心里。一天晚上，他趁爷爷睡着的时候把他的胡子给剪了，爷爷醒来十分气愤，两个人大吵了一架。胡强觉得委屈，爷爷气得几天没吃东西，两人谁也不理谁。

都是为了剃胡子，也都是出于爱心，却产生了如此迥异的结果。生活中，我们其实并没有做错什么，只是选错了方式。

所以，做事情一定要注意方式。只有方式对了，你做的努力才有意义，有时候甚至能带来意想不到的奇效。

快过年了，一位大公司的董事长很苦恼：往年蒸蒸日上的公司，今年的利润大幅度下降。这绝不能怪员工，由于人人都已意识到经济的不景气，干得比以前更卖力。

马上要过年了，照惯例，年终奖金最少发两个月工资，多的时候，甚至加倍。今年可惨了，算来算去，顶多只能给一个月的奖金。要是让多年来养尊处优的员工知道，工作积极性会大受影响。

董事长忧心忡忡地对总经理说："许多员工以为最少能领两个月的奖金，恐怕飞机票、新家具都定好了，只等拿奖金就出去度假或付账单呢！"

总经理也愁眉苦脸了："好像给孩子糖吃，每次都抓一大把，现在突然改成两颗，小孩子一定会吵。"

"对了！"董事长灵机一动，"你倒使我想起小时候到店里买糖，总喜欢找同一个店员，因为别的店员都先抓一大把，拿去秤，再一颗一颗往回扣。那个比较可爱的店员，则每次都抓不足重量，然后一颗一颗往上加。说实在话，最后拿到的糖没什么差别，但我就是喜欢后者。"

没过两天，公司突然传来小道消息："由于业绩不佳，年底要裁员。"

顿时人心惶惶了。每个人都在猜，会不会是自己。

但是，跟着总经理就做了宣布："公司虽然艰苦，但大家同坐一条船，再怎么危险，也不愿牺牲共患难的同事，只是年终奖金不可能发了。"

听说不裁员，人人都放下心头的一块大石头，没被解雇的窃喜早压过了没有年终奖金的失落。

眼看春节将至，人人都做了过个穷年的打算，彼此约好拜年不送礼，以渡过难关。突然，董事长召集各部门主管召开紧急会议。看主管们匆匆上楼，员工们面面相觑，心里都有点儿七上八下："难道又变卦了？"

没几分钟，主管们纷纷冲进自己的部门，兴奋地高喊着："有了！有了！还是有年终奖金，整整一个月，马上发下来，让大家过个好年！"

整个公司大楼爆发出一片欢呼，连坐在顶楼的董事长，都感觉到了地板的震动……

看看吧，董事长只不过换了种方法，不但帮助公司渡过难关，而且公司的凝聚力也大大提升了。

所以，努力地做事固然重要，但如果能开动脑筋，讲究方式，就能事半功倍，你的目标也许就会提前实现。做事情若不懂得注意方式，往往会坏事。

一定要战胜自己，
你才活得比别人更有意义

驯鹿和狼之间存在着一种非常独特的关系，它们在同一个地方出生，又一同奔跑在自然环境极为恶劣的旷野上。大多数时候，它们相安无事地在同一个地方活动，狼不骚扰鹿群，驯鹿也不害怕狼。

在看似和平安闲的时候，狼会突然向鹿群发动袭击。驯鹿惊愕而迅速地逃窜，同时又聚成一群以确保安全。狼群早已盯准了目标，在这追和逃的游戏里，会有一只狼冷不防地从斜刺里窜出，以迅雷不及掩耳之势抓伤一只驯鹿的腿。

游戏结束了，没有一只驯鹿牺牲，狼也没有得到一点食物。第二天，同样的一幕再次上演，依然从斜刺里冲出一只狼，依然抓伤那只已经受伤的驯鹿。

每次都是不同的狼从不同的地方窜出来做猎手，攻击的却只是同一只鹿。可怜的驯鹿旧伤未愈又添新伤，逐渐失去大量的血和力气，更为严重的是它逐渐丧失了反抗的意志。当它越来越虚弱，已不会对狼构成威胁时，狼便群起而攻之，美美地饱餐一顿。

其实，狼是无法对驯鹿构成威胁的，因为身材高大的驯鹿可以一蹄把身材矮小的狼踢死或踢伤，可为什么最后驯鹿却成了狼的腹中之食呢？

狼是绝顶聪明的，它们一次次抓伤同一只驯鹿，让那只驯鹿经过一次次的失败打击后，变得信心全无，到最后它完全崩溃了，完全忘了自己还有反抗的能力。最后，当狼群攻击它时，它放弃了抵抗。

所以，真正打败驯鹿的是它自己，它的敌人不是凶残的狼，而是自己脆弱的心灵。同样的道理，要让自己强大起来，唯一的方法就是挑战自己，战胜自己，超越自己。

每个人最大的对手就是自己。如果你能战胜自己，走出布满阴霾的昨天，你就能成为幸福的人，获得自己人生的奖赏。

先把失败看重，
再把它看轻

曾经有人做过分析后指出，成功者成功的原因，其中很重要的一条就是"随时纠正自己的错误"。一个渴望成功、渴望改变现状的人，绝对不会因一个错误而停止前进的脚步，他必定会找出成功的契机，继续前进。

一位老农场主把他的农场交给一位外号叫"错错"的雇工管理。

农场里有位堆草垛高手心里很不服气，因为他从来都没有把错错放在眼里。他想：全农场哪个能够像我那样，一挑杆子，草垛便像中了魔似的不偏不倚地落到了预想的位置上？回想错错刚来农场那会儿，连杆子都拿不稳，掉得满地都是草，有时甚至还砸在自己的头上，非常可笑。等他学会了堆草垛，又去学割草，留下歪歪斜斜、高高低低一片狼藉；别人睡觉了，他半夜里去了马房，观察一匹病马，说是要学学怎样给马治病。为了这些古怪的念头，错错出尽了洋相，不然怎么叫他"错错"呢？

老农场主知道堆草踮高手的心思，邀请他到家里喝茶聊天。老农场主问："你可爱的宝宝还好吗？平时都由他们的妈妈照顾吧？"高手点点头，看得出来他很喜欢他的孩子。老人又说："如果孩子的妈妈有事离开，孩子又哭又闹怎么办呢？""当然得由我来管他们啦。孩子刚出生那阵子真是手忙脚乱哩，不过现在好多了。"高手说。

老人叹了一口气，说："当父母可不易哦。随着孩子的渐渐长大，你需要考虑的事情还有很多，不管你愿意不愿意，因为你是父亲。对我来说，这个农场也就是我的孩子，早年我也是什么都不懂，但我可以学，也经过了很多次的失败，就像错错那样，经常遭到别人的嘲笑。"

话说到这个节骨眼上，堆草跺高手似乎领会了老人的用意，神情中露出愧色。

"优胜劣汰"成为一种必然。但现在人们开始认同另一种说法：成功，就是无数个"错误"的堆积。

错误是这个世界的一部分，与错误共生是人类不得不接受的命运。

错误并不总是坏事，从错误中汲取经验教训，再一步步走向成功的例子也比比皆是。因此，当出现错误时，我们应该像有创造力的思考者一样了解错误的潜在价值，然后把这个错误当作垫脚石，从而产生新的创意。事实上，人类的发明史、发现史到处充满了错误假设和错误观点。哥伦布以为他发现了一条到印度的捷径；开普勒偶然间得到行星间引力的概念，他这个正确的假设正是从错误中得到的；爱迪生知道几千种不能用来制作灯丝的材料。

错误还有一个好处，它能告诉我们什么时候该转变方向。只有适时转变方向，才不会撞上失败这块绊脚石。

付出多少，
你就能得到多少

有个人在沙漠里穿行，已经连续几天没
喝水了。他饥渴难耐，马上就要支撑不住
了，突然发现在前面一株巨大的仙人掌
下面有一口压水井。

他欣喜若狂，马上走了过去。
看见压水井上面放着一瓶水，他嗓
子都要冒烟了，不管三七二十一
拿起瓶子就要喝水，发现水井上
有块醒目的警告牌子，他忍住干
渴，只见牌子上写着这样几段话：

"这里距离沙漠的尽头，
最近的距离是 100 英里。

"如果你现在将这瓶
水喝完，虽然能暂时解除你的干渴，但是你绝对不可能走出沙漠。

"如果你将瓶子里的水倒入压水泵，引出井里的水，那么你
就能畅饮清凉洁净的井水，使你能平安走出这片沙漠。最后，享
用完了别忘了为别人装满一瓶水。"

这个人心想，幸好看了警告，不然后果……然后他将瓶子中
的水倒入水泵中，喝足了清凉的井水，安全走出了这片沙漠。

在取得之前，要先学会付出。只有懂得付出，才能引出生命之水，助你安然走过人生的沙漠。种瓜得瓜，种豆得豆。春种一粒粟，秋收万颗子。没有付出，却想不劳而获，就同妄想天上掉馅饼是一样的道理。

一位从南方来的乞丐与一位从北方来的乞丐在路上相遇。南方乞丐惊愕地说道："你多么像我，我也多么像你，你的神情、服装、举止，甚至那个碗，都和我的简直一模一样。"

北方乞丐也兴奋地嚷着："我觉得在遥远的过去，似乎早就与你相识了。"这两位乞丐被彼此吸引，他们渐渐地爱上了对方。于是，他们不再去天涯海角流浪讨饭，彼此只想依偎在一起。

南方乞丐问："我们已经在一起了，你还拿着碗乞求什么？"

北方乞丐说："这还需要问吗？当然是乞求你的爱。我知道你是爱我的，除了我之外，还有谁跟我一样与你有这么多相同点呢？"

北方乞丐继续说道："亲爱的，将你碗里满满的爱，倒在我的空碗里吧，让我感受你无比的温暖。"

南方乞丐回答说："我端的也是空碗，难道你没瞧见吗？我也祈求你的爱倒入我的空碗，让我的空碗满满的都是你的爱。"

"我的碗是空的，又怎么给你呢？"北方乞丐一脸狐疑。

南方乞丐也说："我的碗难道是满的吗？"

两个乞丐互相乞讨，都期望对方能给自己一些什么，可是一直到最后，任何一方都没有得到对方的爱。

他们渐渐累了，各自叹息之后，走回自己原本的路，继续向其他人乞讨。

在期待别人付出前，自己要先学会付出。爱是相互的。建立在对对方予取予求基础上的爱，就像沙滩上的城堡，指望它能经得起海浪的洗礼是不明智的；因为事实告诉我们，只有双方真诚地付出，才能使我们的城堡建立在坚实的岩石上，我们爱的城堡才可以在风雨中屹立不倒。

所以，要想得到一些东西，你就必须得付出一些东西，付出多少，你就能得到多少。俗话说，一分耕耘，一分收获。当然，你不必刻意地追求回报，它总是会自己悄悄到来的。

你所谓的低潮，
恰是你突围的助力

NI BU NULI
MEI REN NENG
GEINI XIANGYAO DE
SHENGHUO

在我们的生命中，有时候我们必须做出艰难的决定，然后才能获得重生。我们必须把旧的习惯、旧的传统抛弃，使我们可以重新飞翔。只要我们愿意放下旧的包袱，愿意学习新的技能，我们就能发挥我们的潜能，创造新的未来。

乔·路易斯，世界十大拳王之一，可以说是历史上最为成功的重量级拳击运动员，在长达12年的时间里，他曾经让25名拳手败在自己的拳下。

自从上学以后，乔伊·巴罗斯就成了同学嘲弄的对象。也难怪，放学后，别的 18 岁的男孩子进行篮球、棒球这些"男子汉"的运动，可乔伊却要去学小提琴！这都是因为巴罗斯太太望子成龙心切。20 世纪初，黑人还很受歧视，母亲希望儿子能通过某种特长改变命运，所以从小就送乔伊去学琴。那时候，对于一个普通家庭来说，每周 50 美分的学费是个不小的开销，但老师说乔伊有天赋，乔伊的妈妈觉得为了孩子的将来，省吃俭用也值得。

　　但同学不明白这些，他们给乔伊取外号叫"娘娘腔"。一天，乔伊实在忍无可忍，用小提琴狠狠砸向取笑他的家伙。一片混乱中，只听"咔嚓"一声，小提琴裂成两截儿——这可是妈妈节衣缩食给他买的。泪水在乔伊的眼眶里打转，周围的人一哄而散，边跑边叫："娘娘腔，拨琴弦的小姑娘……"只有一个同学既没跑，也没笑，他叫瑟斯顿·麦金尼。

　　别看瑟斯顿长得比同龄人高大魁梧，一脸凶相，其实他是个热心肠的人。虽然还在上学，瑟斯顿已经是底特律"金手套大赛"的卫冕冠军了。"你要想办法长出些肌肉来，这样他们才不敢欺负你。"他对沮丧的乔伊说。瑟斯顿不知道，他的这句话不但改变了乔伊的一生，甚至影响了美国一代人的观念。虽然日后瑟斯顿在拳坛没取得什么惊人的成就，但因为这句话，他的名字被载入拳击史册。

当时，瑟斯顿的想法很简单，就是带乔伊去体育馆练拳击。乔伊抱着摔坏的小提琴跟瑟斯顿来到了体育馆。"我可以先把旧鞋和拳击手套借给你，"瑟斯顿说，"不过，你得先租个衣箱。"租衣箱一周要 50 美分，乔伊口袋里只有妈妈给他这周学琴的 50 美分，不过琴已经坏了，也不可能马上修好，更别说去上课了。乔伊狠狠心租下衣箱，把小提琴放了进去。

开头几天，瑟斯顿只教了乔伊几个简单的动作，让他反复练习。一个礼拜快结束时，瑟斯顿让乔伊到拳击台上去，试着跟他对打。没想到，才第三个回合，乔伊一个简单的直拳就把"金手套"瑟斯顿击倒了。爬起来后，瑟斯顿的第一句话就是："小子，把你的琴扔了！"

乔伊没有扔掉小提琴，但他发现自己更喜欢拳击，每周 50 美分的小提琴课学费成了拳击课的学费，巴罗斯太太懊恼了一阵后，也只好听之任之。不久乔伊开始参加比赛，渐渐崭露头角。为了不让妈妈为他担心，乔伊悄悄把自己的名字"乔伊·巴罗斯"改成了"乔·路易斯"。

5 年以后，23 岁的乔已经成为重量级世界拳王。1938 年，他击败了德国拳手施姆林。但巴罗斯太太一直不知道人们说的那个黑人英雄就是自己"不成器"的儿子。

　　漫漫人生，人在旅途，难免会遇到荆棘和坎坷，但风雨过后，一定会有美丽的彩虹。任何时候都要抱乐观的心态，任何时候都不要丧失信心和希望。失败不是生活的全部，挫折只是人生的插曲。虽然机遇总是飘忽不定，但朋友，只要你坚持，只要你乐观，你就能永远拥有希望，走向幸福。

第十章

寂寞是人生
最好的增值期

时间会发酵一切，让你
享受到孤独带来的甘美

　　人生不如意事十之八九，即使是一个十分幸运的人，在他的一生中也总有一个或几个时期处于十分艰难的情况，不可能总是一帆风顺。看一个人是否成功，我们不能看他成功的时候或开心的时候怎么过，而要看其在不顺利的时候，在没有鲜花和掌声的落寞日子里怎么过。有句话是这么说的："在前进的道路上，如果我们因为一时的困难就将梦想搁浅，那只能收获失败的种子，我们将永远不能品尝到成功这杯美酒芬芳的味道。"

　　20 世纪 90 年代，史玉柱是中国商界的风云人物。他通过销售巨人汉卡迅速赚取超过亿元的资本，凭此赢得了巨人集团所在地珠海市第二届科技进步特殊贡献奖。那时的史玉柱事业达到了顶峰，自信心极度膨胀，似乎没有什么事做不成。也就是在获得诸多荣誉的那年，史玉柱决定做点"刺激"的事：要在珠海建一座巨人大厦，为城市争光。

　　大厦最开始定的是 18 层，但之后大厦层数节节攀升，一直飚到 72 层。此时的史玉柱就像打了鸡血一样，明知大厦的预算超过 10 亿，手里的资金只有 2 亿，还是不停地加码。最终，巨人大厦的轰然倒地让不可一世的史玉柱尝尽了苦头。他曾经在最后的关头四处奔走寻觅资金，但所有的谈判都失败了。

随之而来的是全国媒体一哄而上，成千上万篇文章骂他，欠下的债也是个极其恐怖的数字。史玉柱最难熬的日子是 1998 年上半年，那时，他连一张飞机票也买不起。"有一天，为了到无锡去办事，我只能找副总借，他个人借给我一张飞机票的钱，1000 元。"到了无锡后，他住的是 30 元一晚的招待所。女招待员认出了他，没有讽刺他，反而给了他一盆水果。那段日子，史玉柱一贫如洗。如果有人给那时的史玉柱拍摄一些照片，那上面的脸孔必定是极度张狂到失败后的落寞，焦急、忧虑是史玉柱那时最生动的写照。

经历了这次失败，史玉柱开始反思。他觉得性格中一些癫狂的成分是他失败的原因。他想找一个地方静静，于是就有了一年多的南京隐居生活。

在中山陵前面有一片树林，史玉柱经常带着一本书和一个面包到那里充电。那段时间，他每天 10 点左右起床，然后下楼开车往林子那边走，路上会买好面包和饮料。部下在外边做市场，他只用手机遥控。晚上快天黑了就回去，在大排档随便吃一点，一天就这样过去了。

后来有人说，史玉柱之所以能"死而复生"，就是得益于那时候的"卧薪尝胆"。他是那种骨子里希望重新站起来的人。事业可以失败，精神上却不能倒下。经过一段时间的修身养性，他逐渐找到了自己失败的症结：之前的事业过于顺利，所以忽视了许多潜在的隐患。不成熟、盲目自大、野心膨胀，这些，就是他性格中的不安定因素。

他决心从头再来，此时，史玉柱身体里"坚强"的秉性体现出来。下了很大的决心后，史玉柱决定和自己的3个部下爬一次珠穆朗玛峰——那个他一直想去的地方。

"当时雇一个导游要800元，为了省钱，我们4个人什么也不知道就那么往前冲了。"1997年8月，史玉柱一行4人就从珠峰5300米的地方往上爬。要下山的时候，4个人身上的氧气用完了。走一会儿就得歇一会儿。后来，又无法在冰川里找到下山的路。

"那时候觉得天就要黑了，在零下二三十摄氏度的冰川里，肯定要冻死。"

许多年后，史玉柱把这次的珠峰之行定义为自己的"寻路之旅"。之前的他张狂、自傲，带有几分赌徒似的投机秉性。

他在那次珠峰以及多次"省心"之旅后踏上了负重的第二次创业。这次事业的起点是保健品脑白金。

因为之前的巨人大厦事件，全国上下已经没有几个人看好史玉柱。他再次的创业只是被更多的人看作赌徒的又一次疯狂。但脑白金一经推出，就迅速风靡全国，到2000年，月销售额达到1亿元，利润达到4500万。自此，巨人集团奇迹般地复活。虽然史玉柱还是遭到全国上下诸多非议，但不争的事实却是，史玉柱曾经的辉煌确实慢慢回来了。

赚到钱后，他没想到为自己谋多少私利，他做的第一件事就是还钱。这一举动，再次使其成为众人的焦点。因为几乎没有人能够想到史玉柱有翻身的一天，更没想到这个曾经输得一贫如洗的人能够还钱。但他确实做到了。

认识史玉柱的人，总说这些年他变化太大。怎么能没有变化呢？一个经历了大起大落的人，内心总难免泛起些波澜。而对于史玉柱，改变最多的大概是心态和性格。几番沉浮，很少有人再看到他像早些年那样狂热、亢奋、浮躁，更多的是沉稳、坚忍和执着。即使是十分危急的关头，他也是一副胸有成竹、不慌不忙的样子。

回想自己早年的失败时，史玉柱曾特意指出，巨人大厦"死"掉的那一刻，他的内心极其平静。而现在，身价百亿的他也同样把平静作为自己的常态。只是，这已是两种不同的境界。前者的平静大概像一潭死水，后者则是波涛过后的风平浪静。起起伏伏，沉沉落落，有些人就是在这样的过程中变得强大和不可战胜。良好的性情和心态是事业成功的关键，少了它们，事业的发展就可能徒增许多波折。

人生难免有低谷的时候，在这样的时刻，我们需要的就是忍受寂寞，卧薪尝胆。就像当年越王勾践那样，三年的时间里，作为失败者他饱受屈辱，被放回越国之后，他选择了在寂寞中品尝苦胆，铭记耻辱，奋发图强，最终得以雪耻。

不要羡慕别人的辉煌，也不要眼红别人的成功，只要你能忍受寂寞，满怀信心地去开创，默默付出，相信生活一定会给你丰厚的回报。

走自己的路，
让别人去说吧

NI BU NULI
MEI REN NENG
GEINI XIANGYAO DE
SHENGHUO

我们之所以没有成功，很多时候是因为在通往成功的路上，我们没能耐住寂寞，没有专注于脚下的路。

张艺谋的成功在很大程度上来源于他对电影艺术的诚挚热爱和忘我投入。正如传记作家王斌说的那样："超常的智慧和敏捷固然是张艺谋成功的主要因素，但惊人的勤奋和刻苦也是他成功的重要条件。"

拍《红高粱》的时候，为了表现剧情的氛围，他亲自带人去种出 100 多亩的高粱地；为了"颠轿"一场戏中轿夫们颠着轿子踏出尘土飞扬的镜头，张艺谋硬是让大卡车拉来十几车黄土，用筛子筛细了，撒在路上；在拍《菊豆》中杨金山溺死在大染池一场戏时，为了给摄影机找一个最好的角度，更是为了照顾演员的身体，张艺谋自告奋勇地跳进染池充当"替身"，一次不行再来一次，直到摄影师满意为止。

我们如果还在抱怨自己的命运，还在羡慕他人的成功，就需要好好反省自身了。很多时候，你可能就输在对事业的态度上。

1986 年，摄影师出身的张艺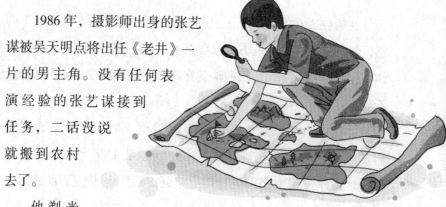谋被吴天明点将出任《老井》一片的男主角。没有任何表演经验的张艺谋接到任务，二话没说就搬到农村去了。

他剃光了头，穿上大腰裤，露出了光脊背。在太行山一个偏僻、贫穷的山村里，他与当地乡亲同吃同住，每天一起上山干活，一起下沟担水。为了使皮肤变得粗糙、黝黑，他每天中午光着膀子在烈日下曝晒；为了使双手变得粗糙，每次摄制组开会，他不坐板凳，而是学着农民的样子蹲在地上，用沙土搓揉手背；为了电影中的两个短镜头，他打猪食槽子连打了两个月；为了影片中那不足一分钟的背石镜头，张艺谋实实在在地背了两个月的石板，一天 3 块，每块 150 斤。

在拍摄过程中，张艺谋为了达到逼真的视觉效果，真跌真打，主动受罪。在拍"舍身护井"时，他真跳，摔得浑身酸疼；在拍"村落械斗"时，他真打，打得鼻青脸肿。更有甚者，在拍旺泉和巧英在井下那场戏时，为了找到垂死前那种奄奄一息的感觉，他硬是三天半滴水未沾、粒米未进，连滚带爬拍完了全部镜头。

在通往成功的道路上，如果你能耐得住寂寞，专注于脚下的路，目的地就在你的前方，只要努力，你一定会走到终点；如果你被困难吓倒，不知道目的地就在离你不远的前方，你永远都走不到终点！

可能在人生旅途中我们会有理想也会有很多目标，但我们从来都不知道会遇到什么困难，所以我们努力地朝着终点前进，在此过程中变得更自信更坚强，最终也走到了目的地。

你的坚持，
时光不会辜负

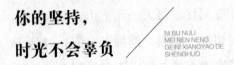
NI BU NULI
MEI REN NENG
GEINI XIANGYAO DE
SHENGHUO

幸运、成功永远只能属于辛劳的人，有恒心的人，能坚持到底、绝不轻言放弃的人。

耐性与恒心是实现目标过程中不可缺少的条件，是发挥潜能的必要因素。耐性、恒心与追求结合之后，形成了百折不挠的巨大力量。

一位青年问著名的小提琴家格拉迪尼："你用了多长时间学琴?"格拉迪尼回答："20 年，每天 12 小时。"

我们与大千世界相比，或许微不足道、不为人知，但是我们能够耐心地增长自己的学识和能力，当我们成熟后，一展所能，就会有惊人的成就。正如布尔沃所说的："恒心与忍耐力是征服者的灵魂，它是人类反抗命运的最有力支持。从社会的角度看，考虑到它对社会制度的影响，其重要性无论怎样强调也不为过。"

凡事没有耐性，耐不住寂寞，不能持之以恒，正是很多人最后失败的原因。英国诗人布朗宁写道：

"实事求是的人要找一件小事做，

"找到事情就去做。

"空腹高心的人要找一件大事做，

"没有找到则身已故。

"实事求是的人做了一件又一件，

"不久就做一百件。

"空腹高心的人一下要做百万件，

"结果一件也未实现。"

有耐力和恒心，虽然不一定能使我们事事成功，但绝不会令我们事事失败。古巴比伦富翁拥有恒久的财富秘诀之一，便是保持足够的耐心，坚定发财的意志，所以他才有能力建设自己的家园。任何成就都来源于持久不懈的努力，要把人生看作一场持久的马拉松。整个过程虽然很漫长、很劳累，但在挥洒汗水的时候，我们已经慢慢接近了成功的终点。半路放弃，我们就必须要找到新的起点，那样我们只会更加迷失，可是如果能坚持下去，最终一定会到达终点。要想成就大事大业的人，尤其要有恒心，要有坚忍不拔的毅力、百折不挠的精神、排除纷繁复杂的耐性、坚贞不变的气质，作为涵养恒心的要素，去实现人生的目标。

如果坚持有时限，
那就坚持到成功的那一天

NI BU NULI
MEI REN NENG
GEINI XIANGYAO DE
SHENGHUO

　　别人的人生再辉煌，你也感受不到任何光和热，别人的辉煌
与你无关，你所能做的就是耐住寂寞，认准自己的目标，然后一
步步地向自己的目标迈进，千万不要被别人的成功晃花了眼。

　　在 2006 年之前，低调的张茵对于大众而言还是一张很陌生
的面孔。一夜间，"胡润富豪榜"将她推出水面，这个颇具传奇
色彩的商界女强人瞬间成为公众瞩目的焦点。

　　在美国《财富》杂志"2007 年最有影响力商业女性 50 强"中，
她被称为"全球最富有的白手起家的女富豪"！张茵已成为这个
时代平民女性的榜样。

　　玖龙造纸有限公司，当这一企业红遍大江南北时，张茵也因
此赢得了"废纸大王"的美誉。这个东北姑娘当年的泼辣劲至今
还留在人们的脑海里。

　　张茵出生于东北，走出校门后，做过工厂的会计，后在深圳
信托公司的一个合资企业里做过财务工作。1985 年，她曾有过当
时看来绝好的机遇：分配住房，年薪 50 万港币……然而，张茵
却只身携带 3 万元前往香港创业，在香港的一家贸易公司做包装
纸的业务。

　　一直指导张茵的财富法则就是做事专注而坚定。看准商机就
下手，全心全意去做事。对于中国四大发明之一的传统行业——

造纸业，张茵情有独钟，倾注了很多的心血：从香港到美国，再到香港，继而把战场转向家乡，扩大到全世界，她的足迹随着纸浆的流动遍布全球。最初入行的张茵以"品质第一"为本，坚决不往纸浆里面掺水，虽然在创业过程中被合伙人欺骗，也历经坎坷，但从未退缩的张茵凭借豪爽与公道逐渐赢得了同行的信任，废纸商贩都愿意把废纸卖给她。尽管她的粤语说得不好，但是诚信之下，沟通不是问题。

6 年时间很快过去，赶上香港经济蓬勃时期的张茵不但站稳了脚跟，而且还在完成资本积累的同时，把目光投向了美国市场。因为有了在香港积累的丰富创业实践经验和一定资本，加之美国银行的支持，1990 年起，张茵的中南控股（造纸原料公司）成为美国最大的造纸原料出口商，美国中南有限公司先后在美建起了 7 家打包厂和运输企业，其业务遍及美国、欧亚各地，在美国各行各业的出口货柜中数量排名第一。

成为美国废纸回收大王后，独具慧眼的张茵有了新的想法：做中国的废纸回收大王！ 1995 年，玖龙纸业在广东东莞投建。12 年后，玖龙纸业产能已近 700 万吨，成为一家市值 300 多亿港元的国际化上市公司……

从张茵的身上，我们看到了她的专注与坚定。无论做什么事，都全身心地投入。只要全心全意地做一件事，无论遇到什么困难与挫折，都可以化险为夷。

有人说，挡住人前进步伐的不是贫穷或者困苦的生活环境，而是内心对自己的怀疑。但是，如果一个人内心里始终装着自己的目标，并且能够耐得住寂寞，静下心来学着为自己的目标积累能量，坚定不移地为实现自己的目标而努力，那么即使他贫穷到买不起一本书，仍然可以通过借阅来获得知识。

人若是耐不住寂寞，老是眼红别人的成就，则不免会产生愤懑之心，看不惯别人取得的成就，要么悲叹命运之苦，要么抱怨社会不公，这样一来，难免会让自己陷入负面情绪当中，而影响了自己的前程。

要全力以赴，
而不是尽力而为

心界决定一个人的世界。只有渴望成功，你才能有成功的机会。

《庄子》开篇的文章是"小大之辩"。说北方有大海，海中有一条叫作鲲的大鱼，宽几千里，没有人知道它有多长。鲲化为鸟叫作鹏。它的背像泰山，翅膀像天边的云，飞起来，乘风直上九万里的高空，超绝云气，背负青天，飞往南海。

蝉和斑鸠讥笑说："我们愿意飞的时候就飞，碰到松树、檀树就停在上边；有时力气不够，飞不到树上，就落在地上，何必要高飞九里，又何必飞到那遥远的南海呢？"

那些心中有着远大理想的人常常不能为常人所理解，就像目光短浅的麻雀无法理解大鹏鸟的志向，更无法想象大鹏鸟靠什么飞往遥远的南海。因而，像大鹏鸟这样的人必定要比常人忍受更多的艰难曲折，忍受心灵上的寂寞与孤独。因而，他们必须坚强，把这种坚强潜移到远大志向中去，这就铸成了坚强的信念。这些信念熔铸而成的理想将带给大鹏一颗伟大的心，而成功者正脱胎于这伟大的心。

成功是努力的结果，而努力又大都产生于强烈的欲望。正因为这样，强烈的创富欲望，便成了成功创富最基本的条件。如果你不想再过贫穷的日子，就要有创富的欲望，并让这种欲望时时刻刻激励你，让你向着这一目标坚持不懈地前进。许多成功者有一个共同的体会，那就是创富的欲望是创造和拥有财富的源泉。

20世纪人类的一项重大发现，就是认识到思想能够控制行动。你怎样思考，你就会怎样去行动。你要是强烈渴望致富，你就会调动自己的一切能量去创富，使自己的一切行动、情感、个性、才能与创富的欲望相吻合。对于一些与创富的欲望相冲突的东西，你会竭尽全力去克服；对于有助于创富的东西，你会竭尽全力地去扶植。这样，经过长期努力，你便会成为一个富有者，使创富的愿望变成现实。相反，你要是创富的愿望不强烈，一遇到挫折，便会偃旗息鼓，将创富的愿望压下去，你就很难成为富有者。

保持一颗渴望成功的心，你就能获得成功。

第十一章

那些冷眼嘲笑，
　　都会成为你日后调侃的骄傲

知道自己有多美好，
无须要求别人对你微笑

NI BU NULI
MEI REN NENG
GEINI XIANGYAO DE
SHENGHUO

多年以来，在我们的教育中，个人总是被否定的那一个："面对集体，我不重要，为了集体的利益，我应该把自己个人的利益放在一边；面对他人，我不重要，为了他人能开心，只能牺牲我自己的开心；面对我自己，我也不重要，这个世界上，少了我就如同少了一只蚂蚁，没有分量的我，又有什么重要？"但是，作为独一无二的"我"，真的不重要吗？不，绝不是这样，"我"很重要。

当我们对自己说出"我很重要"这句话的时候，"我"的心灵一下子充盈了。是的，"我"很重要。

"我"是由无数星辰、日月、草木、山川的精华汇积而成的。只要计算一下我们一生吃进去多少谷物、饮下了多少清水，才凝聚成这么一个独一无二的躯体，我们一定会为那数字的庞大而惊讶。世界付出了这么多才塑造了这样一个"我"，难道"我"不重要吗？

你所做的事，别人不一定做得来；而且，你之所以为你，必定是有一些特殊的地方——我们姑且称之为特质吧！而这些特质又是别人无法模仿的。

既然别人无法完全模仿你，也不一定做得来你能做得了的事，试想，他们怎么可能取代你的位置，来替你做些什么呢？所以，你必须相信自己。

况且，每个来到这个世上的人，都是上帝赐给人类的礼物，上帝造人时即已赋予了每个人与众不同的特质，所以每个人都会以独特的方式与他人互动，进而感动别人。要是你不相信的话，不妨想想：有谁的基因会和你完全相同？有谁的个性会和你一毫不差？

由此，我们相信，我们存在于这世上的目的，是别人无法取代的。相信自己很重要。"我很重要。没有人能替代我，就像我不能替代别人。"

生活就是这样的，无论是有意还是无意，我们都要对自己有信心。不要总是拿自己的短处去对比人家的长处，却忽视了自己也有人所不及的地方。自卑是心灵的腐蚀剂，自信却是心灵的发电机。所以我们无论身处何境，都不要让自卑的冰雪侵蚀心灵，而应燃烧自信的火炬，始终相信自己是最优秀的，这样才能调动生命的潜能，去创造无限美好的生活。

也许我们的地位卑微，也许我们的身份渺小，但这丝毫不意味着我们不重要。重要并不是伟大的同义词，它是心灵对生命的允诺。人们常常从成就事业的角度，断定自己是否重要。但这并不应该成为标准，只要我们在时刻努力着，为光明在奋斗着，我们就是无比重要的，不可替代的。

让我们昂起头，对着我们这颗美丽的星球上无数的生灵，响亮地宣布：我很重要。

面对这么重要的自己，我们有什么理由不爱自己呢！

做自己，是你
最高贵的信仰

NI BU NULI
MEI REN NENG
GEINI XIANGYAO DE
SHENGHUO

哲人们常把人生比作路，是路，就注定崎岖不平。

1929 年，美国芝加哥发生了一件震动全国教育界的大事。

几年前，罗勃·郝金斯，一个年轻人，半工半读地从耶鲁大学毕业，做过作家、伐木工人、家庭教师和卖成衣的售货员。现在，只经过了 8 年，他就被任命为全美国第四大名校——芝加哥大学的校长。他只有 30 岁！真叫人难以置信。

人们对他的批评就像山崩落石一样一齐打在这位"神童"的头上，说他太年轻了，经验不够，说他的教育观念很不成熟，甚至各大报纸也参加了攻击。在罗勃·郝金斯就任的那一天，有一个朋友对他的父亲说："今天早上，我看见报上的社论攻击你的儿子，真把我吓坏了。""不错，"郝金斯的父亲回答说，"话说得很凶。可是请记住，从来没有人会踢一只死狗。"

确实如此。

耶鲁大学的前校长德怀特曾说："如果此人当选美国总统，我们的国家将会是非不分，不再敬天爱人。"听起来这似乎是在骂希特勒吧？可是他谩骂的对象竟是杰弗逊总统。

可见，没有谁的路永远是一马平川的。为他人所左右而失去自己方向的人，将无法抵达属于自己的幸福终点。

真正成功的人生，不在于成就的大小，而在于是否努力地去实现自我，喊出属于自己的声音，走出属于自己的道路。

一名中文系的学生苦心撰写了一篇小说，请作家批评。因为作家正患眼疾，学生便将作品读给作家。读到最后一个字，学生停顿下来。作家问道："结束了吗？"听语气似乎意犹未尽，渴望下文。这一追问，煽起学生的激情，立刻灵感喷发，马上接续道："没有啊，下部分更精彩。"他以自己都难以置信的构思叙述下去。

到达一个段落，作家又似乎难以割舍地问："结束了吗？"

小说一定摄魂勾魄，叫人欲罢不能！学生更兴奋，更激昂，更富于创作激情。他不可遏止地一而再、再而三地接续、接续……最后，电话铃声骤然响起，打断了学生的思绪。

有急事，作家匆匆准备出门。"那么，没读完的小说呢？""其实你的小说早该收笔，在我第一次询问你是否结束的时候，就应该结束。何必画蛇添足呢？该停则止，看来，你还没把握情节的脉络，尤其是缺少决断。决断是当作家的根本，否则绵延逶迤，拖泥带水，如何打动读者？"

学生追悔莫及，自认性格过于受外界左右，作品难以把握，恐不是当作家的料。

很久以后，这个学生遇到另一位作家，羞愧地谈及往事，谁知作家惊呼："你的反应如此迅捷、思维如此敏锐、编造故事的能力如此之强，这些正是成为作家的天赋呀！假如正确运用，作品一定脱颖而出。"

"横看成岭侧成峰，远近高低各不同。"凡事绝难有统一定论，我们不可能让所有的人都对我们满意，所以可以拿他们的"意见"做参考，却不可以代替自己的"主见"，不要被他人的论断束缚了自己前进的步伐。用你的热情追随你的心，它将带你实现梦想。

永远堵不上别人的嘴，
唯有迈开自己的腿

NI BU NULI
MEI REN NENG
GEINI XIANGYAO DE
SHENGHUO

在这世上，没有任何一个人可以赢得所有人的满意。跟着他人眼光来去的人，会逐渐黯淡自己的光彩。

西莉亚自幼学习艺术体操，身段匀称灵活。可是很不幸，一次意外事故导致她下肢严重受伤，一条腿留下后遗症——走路有一点瘸。为此，她十分懊丧，甚至不敢走上街去，因为害怕看见别人注视残腿的目光。作为一种逃避，西莉亚搬到了约克郡乡下。

一天，小镇上的雷诺兹老师领着一个女孩来向她学跳苏格兰舞。在他们诚恳的请求下，西莉亚勉为其难地答应了他们。为了不让他们察觉自己残疾的腿，西莉亚特意提早坐在一把藤椅上。可那个女孩偏偏天生笨拙，连起码的乐感和节奏感都没有。

当那个女孩再一次跳错时，西莉亚不由自主地站起来给对方示范那个要领——一个带旋转的交叉滑步动作。西莉亚一转身，便敏感地看见那个学生的目光正盯着自己的腿，一副惊讶的神情。她忽然意识到，自己一直刻意掩盖的残疾在刚才的瞬间已暴露无遗。这时，一种自卑让她无端地恼怒起来。西莉亚的行为伤害了女孩的自尊心，她难过地跑了。

事后，西莉亚满心歉疚。过了两天，西莉亚亲自来到学校，和雷诺兹老师一起等候那个女孩。西莉亚说："把你训练成一名专业舞者恐怕不容易，但我保证，你一定会成为一个不错的非职业领舞者。"

这一次，他们就在学校操场上跳，有不少学生好奇地围观。那个女孩笨手笨脚的舞姿不时招来同学的嘲笑，她满脸通红，不断犯错，每跳一步，都如芒刺在背。西莉亚看在眼里，深深理解那种无奈的自卑感。她走过去，轻声对那个女孩说："假如一个舞者只盯着自己的脚，就无法享受跳舞的快乐，而且别人也会跟着注意你的脚，发现你的错误。现在你仰起脸，面带微笑地跳完这支舞曲，别管步伐是不是错的。"

　　说完，西莉亚和那个女孩面对面站好，朝雷诺兹老师示意了一下。悠扬的手风琴音乐响起，她们踏着拍子，愉快起舞。其实那个女孩的步伐还有些错误，而且动作不是很和谐。但意外的效果出现了——那些旁观的学生被她们脸上的微笑所感染，也不再去关注舞蹈细节上的错误。渐渐地，有越来越多的学生情不自禁地加入到舞蹈中。大家尽情地跳啊跳啊，直到太阳下山。

　　生活在别人的眼光里，总也找不到自己的路。

　　其实，同一个事物，每个人的眼光都有不同。面对不同的几何图形，有人看出了圆的光滑无棱，有人看出了三角形的直线组成，有人看出了半圆的方圆兼济，有人看出了不对称图形独到的美……

　　同是一个甜麦圈，悲观者看见一个空洞，而乐观者却品味到它的香甜味道。

　　同是交战赤壁，苏轼高歌"雄姿英发，羽扇纶巾，谈笑间樯橹灰飞烟灭"，杜牧却低吟"东风不与周郎便，铜雀春深锁二乔"。

　　同是"谁解其中味"的《红楼梦》，有人听到了封建制度的丧钟，有人看见了宝黛的深情，有人悟到了曹雪芹的用心良苦，也有人只津津乐道于故事本身……

　　苏轼曾说："横看成岭侧成峰，远近高低各不同。"人生是一个多棱镜，总是以它变幻莫测的每一面反照生活中的每一个人。不必介意别人的流言蜚语，不必担心自我思维的偏差，坚信自己的眼睛、坚信自己的判断、执着自我的感悟。用敏锐的视线去审

视这个世界，用心去聆听、感受这个多彩的人生，给自己一个富有个性的回答。

谁都有可能创造奇迹，
为什么不能是你

　　自卑就是对自己的抱怨，是在心里对自己能力的一种怀疑。自卑是人生最大的跨栏，每个人都必须成功跨越才能到达人生的巅峰。

　　自卑的人，情绪低沉，郁郁寡欢，常因害怕别人看不起自己而不愿与人来往，与人疏远，缺少朋友，顾影自怜，甚至内疚、自责；自卑的人，缺乏自信，优柔寡断，毫无竞争意识，抓不住稍纵即逝的各种机会，享受不到成功的乐趣；自卑的人，常感疲劳，心灰意懒，注意力不集中，工作没有效率，缺少生活情趣。

　　如果一个人总是沉迷在自卑的阴影中，那无异于给自己套上了无形的枷锁。但是如果能够认识自己，懂得换个角度看待周围的世界和自己的困境，那么许多问题就会迎刃而解了。

　　一位父亲带着儿子去参观凡·高故居，在看过那张小木床及裂了口的皮鞋之后，儿子问父亲："凡·高不是位百万富翁吗？"父亲答："凡·高是位连妻子都没娶上的穷人。"

　　第二年，这位父亲带儿子去丹麦，在安徒生的故居前，儿子又困惑地问："爸爸，安徒生不是生活在皇宫里吗？"父亲答："安徒生是位鞋匠的儿子，他就生活在这栋阁楼里。"

这位父亲是一个水手，他每年往来于大西洋各个港口；这位儿子叫伊东布拉格，是美国历史上第一位获普利策奖的黑人记者。20年后，在回忆童年时，他说："那时我们家很穷，父母都靠卖苦力为生。有很长一段时间，我一直认为像我们这样地位卑微的黑人是不可能有什么出息的。好在父亲让我认识了凡·高和安徒生，这两个人告诉我，上帝没有轻看卑微。"

富有者并不一定伟大，贫穷者也并不一定卑微。上帝是公平的，它把机会放到了每个人面前。自卑的人也有相同的机会。

自卑常常在不经意间闯进我们的内心世界，控制着我们的生活，在我们有所决定、有所取舍的时候，向我们勒索着勇气与胆略；当我们碰到困难的时候，自卑会站在我们的背后大声地吓唬我们；当我们要大踏步向前迈进的时候，自卑会拉住我们的衣袖，叫我们小心地雷。一次偶然的挫败就会令你垂头丧气，一蹶不振，将自己的一切否定，你会觉得自己一无是处，窝囊至极，你会掉进自责自罪的旋涡。

自卑就像蛀虫一样啃噬着你的人格，它是你走向成功的绊脚石，它是快乐生活的拦路虎。一个人如果自卑，不敢有远大的目标，永远不会出类拔萃；一个民族和国家，如果自卑，永远站不起来，只能跟在别国后边当附庸。

自卑是一种压抑，一种自我内心潜能的人为压抑，更是一种恐惧，一种损害自尊和荣誉的恐惧，所以生活中，我们只有比别人更相信并且珍爱自己，我们才能发挥自己最大的潜力，创造出属于自己的天地。当我们遭到冷遇时，当我们受到侮辱时，一定要自尊自爱，把羞辱作为奋发的动力，激励自己去战胜一个个困难。

失意不失志，
因为这就是成长的代价

有一个富翁，在一次生意中赔光了所有的钱，并且欠下了债，他卖掉房子、汽车，还清了债务。

此刻，他孤独一人，无儿无女，穷困潦倒，唯有一只心爱的猎狗和一本书与他相依为命、相依相随。在一个大雪纷飞的夜晚，他来到一座荒僻的村庄，找到一个避风的茅屋。他看到里面有一盏油灯，于是用身上仅存的一根火柴点燃了油灯，拿出书来准备读书。但是一阵风忽然把灯吹灭了，四周立刻漆黑一片。这位孤独的老人陷入黑暗之中，对人生感到痛彻的绝望，他甚至想到了结束自己的生命。但是，身边的猎狗给了他一丝慰藉，他无奈地叹了一口气沉沉睡去。

第二天醒来，他忽然发现心爱的猎狗被人杀死在门外。抚摸着这只相依为命的猎狗，他突然决定要结束自己的生命，世间再没有什么值得留恋的了。于是，他最后扫视了一眼周围。

这时，他不由得发现整个村庄都处在一片可怕的寂静之中。他不由急步向前，啊，太可怕了，尸体，到处是尸体，一片狼藉。显然，这个村庄昨夜遭到了匪徒的洗劫，连一个活口也没留下来。

看到这可怕的场面，老人不由心念急转："啊！我是这里唯一幸存的人，我一定要坚强地活下去。"此时，一轮红日冉冉升起，照得四周一片光亮，老人欣慰地想："我是幸运的人，我没有理由不珍惜自己。虽然我失去了心爱的猎狗，但是，我得到了生命，这才是人生最宝贵的。"老人怀着坚定的信念，迎着灿烂的太阳出发了。

故事中的老人，在失意甚至绝望下，重新找回了希望，赶走了悲伤。这不能不说是他人生中的一大转折。

联想到我们日常的生活和学习，如果遇到失意或悲伤的事情，我们一定要学会调整自己的心态。

如果你的演讲、你的考试和你的愿望没有获得成功，如果你曾经尴尬，如果你曾经失足，如果你被训斥和谩骂，请不要耿耿于怀。对这些事念念不忘，不但于事无补，还会占据你的快乐时光。抛弃它们吧！把它们彻底赶出你的心灵。

让那担忧和焦虑、沉重和自私远离你，更要避免与愚蠢、虚假、错误、虚荣和肤浅为伍，还要勇敢地抵制使你失败的恶习和使你堕落的念头，你会惊奇地发现，你的人生旅途是多么的轻松、自由，你是多么自信！走出阴影，沐浴在明媚的阳光中。不管过去的一切多么痛苦、多么顽固，把它们抛到九霄云外。不要让担忧、恐惧、焦虑和遗憾消耗你的精力。把你的精力投入到未来的创造中去吧，要主宰自己，做自己的主人。请记住：生命在，希望就在！

强大的内心，
成就强大的人生

面对失败，我们是退缩不前，还是鼓起勇气？有这样一则故事，给了我们答案：

巴西足球队第一次赢得世界杯冠军回国时，专机一进入国境，16架喷气式战斗机立即为之护航，当飞机降落在道加勒机场时，聚集在机场上的欢迎者达3万人。从机场到首都广场不到20公里的道路上，自动聚集起来的人群超过了100万。多么宏大和激动人心的场面！然而前一届的欢迎仪式却是另一番景象。

1954年，巴西人都认为巴西队能获得世界杯赛冠军。可是，天有不测风云，在半决赛中巴西队却意外地败给法国队，结果那个金灿灿的奖杯没有被带回巴西。球员们悲痛至极。他们想，去迎接球迷的辱骂、嘲笑和汽水瓶吧，足球可是巴西的国魂呀。

飞机进入巴西领空，他们坐立不安，因为他们的心里清楚，这次回国不知要面临什么样的景象。可是当飞机降落在首都机场的时候，映入他们眼帘的却是另一种景象。巴西总统和2万名球迷默默地站在机场，他们看到总统和球迷共举一条大横幅，上书：失败了也要昂首挺胸。

队员们见此情景顿时泪流满面。总统和球迷们都没有讲话，他们默默地目送着球员们离开机场。4年后，他们终于捧回了冠军奖杯。

失败并不可怕，可怕的是失败了之后消沉下去，一蹶不振。要学会摆脱失败的阴影，在失败面前昂首挺胸。

人生的道路上难免会有失败的乌云笼罩。面对失败，想要获得成功的人需与暴雨、狂风对抗，方能攀上人生的高峰。那么，为什么一遇到困难你便退缩呢？为什么你的意志力会如此脆弱呢？因为你缺少成功的信念，成功的信念将会使你坚定向前，而无惧于沿途所碰到的困难，想要获得成功，需与暴雨、狂风对抗——昂首面对失败的挑战。

世界上有无数强者，即使丧失了他们所拥有的一切东西，也还不能把他们叫作失败者，因为他们仍然有不可屈服的意志，有着坚忍不拔的精神，而这些足以使他们从失败中崛起，走向更伟大的成功。

第二次世界大战刚刚结束的时候，德国到处是一片废墟。有两个美国士兵访问了一家住在地下室的德国居民。离开那里之后，两个人在路上谈起感受。

甲问道："你看他们能重建家园吗？"

乙说："一定能。"

甲就问："为什么回答得这么肯定呢？"

乙反问道："你看到他们在黑暗的地下室的桌子上放着什么吗？"

甲说："一瓶鲜花。"

乙接着说："任何一个民族，如果处于这样困苦的境地，还没有忘记鲜花，那他们就一定能够在这片废墟上重建家园。"

面对苦难和失败，依然摆放鲜花，昂首面对，这样的民族必然会重新崛起。

世间真正伟大的强者，对于所谓的是非成败并不介意，他们能够做到"不以成败论英雄"。这种人无论面对多么大的失败，绝不失去镇静，这样的人终能获得最后的胜利。在狂风暴雨的袭击下，心灵脆弱的人束手待毙，但强者不同，他们自信、镇静，

这使得他们能够克服一切困难，而得以成功。

要想真正战胜失败，就要昂首挺胸，正视失败，从中吸取教训，下次不再犯同样的错误。只有愚蠢到不可救药的人才会在同一个地方被同一块石头绊倒两次，这样的人也不会从失败中把握未来，实现命运的转折。